云南省人工林生态系统水文过程研究

——以橡胶林蒸散特征研究为例

凌　祯　著

东北大学出版社

·沈　阳·

图书在版编目（CIP）数据

云南省人工林生态系统水文过程研究：以橡胶林蒸散特征研究为例 / 凌祯著 . 一沈阳：东北大学出版社，2022.8

ISBN 978-7-5517-3088-4

Ⅰ. ①云… Ⅱ. ①凌… Ⅲ. ①橡胶树－水蒸发－特征－研究－云南 Ⅳ. ①S794.1②P332.2

中国版本图书馆 CIP 数据核字（2022）第 152749 号

出 版 者：东北大学出版社
　　　　　地址：沈阳市和平区文化路三号巷 11 号
　　　　　邮编：110819
　　　　　电话：024-83687331（市场部）　83680267（社务部）
　　　　　传真：024-83680180（市场部）　83680265（社务部）
　　　　　网址：http://www.neupress.com
　　　　　E-mail：neuph@neupress.com
印 刷 者：辽宁一诺广告印务有限公司
发 行 者：东北大学出版社
幅面尺寸：170 mm×240 mm
印　　张：10.5
字　　数：183 千字
出版时间：2022 年 8 月第 1 版
印刷时间：2022 年 8 月第 1 次印刷
策划编辑：杨世剑
责任编辑：周　朦
责任校对：张庆琼
封面设计：张啸天

ISBN 978-7-5517-3088-4　　　　　　　　　　定 价：49.00 元

序

随着人口的增长和社会经济的发展，人类对水资源的需求日益增加，导致水资源日渐短缺，森林生态功能逐步下降，这促使研究者越来越重视水文过程对森林生态系统的影响和森林生态系统对水资源的反馈。生态水文学是 20 世纪 80 年代逐步发展起来的新兴学科，是现代水文科学与生态科学交叉发展中的一个亮点，解释了生态过程与水文循环之间的联系，明确了水文交互作用影响物质的循环和能量交换。其中，陆地生态系统水分循环及其对自然环境和人类活动的响应一直是研究全球变化学科的核心领域。蒸散发既是地球表面能量平衡的重要组成部分，也是保持水量平衡的关键环节，决定着"水圈－大气圈－生物圈"之间的相互作用。蒸散发是植被及地面向大气输送水汽的唯一途径，是掌握作物生长过程耗水规律的重要依据。

人工经济林是云南林木产业的重要组成部分，在"森林云南"大力推动下，云南省扎实推进林业产业高质量发展。橡胶树作为我国重要的热带经济林木，是天然橡胶的唯一来源。天然橡胶既是一种可持续利用的再生资源，也是关系国计民生的保障性战略资源。人工橡胶林是具有保持水土、涵养水源、固碳增汇等功能的典型经济林，具有良好的生态效益、社会效益和经济效益。

《云南省人工林生态系统水文过程研究——以橡胶林蒸散特征研究为例》一书是凌祯在攻读博士学位期间研究成果的总结，内容充实、观点新颖鲜明，对解决当前云南省人工林生态水文学研究中一些重要的科学问题大有帮助，填补了橡胶林蒸散过程研究中的一些空白。

该书基于森林水文过程研究背景，以云南省人工橡胶林为研究对象，对橡胶林蒸散量研究从单站点短期监测外推至长期区域尺度。在站点尺度，利用站点通量观测数据，估算了橡胶林 ET 的大小，并分析了其变化规律和影响因子，建立了橡胶林 Hydrus 土壤水分运移模型，综合评价了土壤水分对蒸散的响应；在区域尺度，结合站点观测参数，表征了西双版纳参考作物蒸散量、橡胶林蒸散量时空变化规律及变异特征，量化了影响西双版纳参考作物蒸散量的主要气象影响因子及贡献，系统揭示了橡胶林扩张种植对区域水循环的影响。同时，构建了西双版纳橡胶林蒸散量预报模型，可以利用公共天气预报资料对橡胶林蒸散量进行中短期预报，对橡胶林蒸散量、理论补水量等指标进行快速预报。

橡胶林生态系统水汽交换（蒸散）是国际研究的热点问题，其涉及生态学、气候学、水文学等多学科，是"土壤－植被－大气"多因子交互的复杂过程。针对橡胶林蒸散量时空变异特征及其预报模型进行研究，是一项及时而具有挑战性的重要工作。该书的问世，能为橡胶产业区水资源高效利用提供理论依据、计算方法和决策参考，为云南省经济林生态水文过程研究提供参考。

许崇育

2022 年 7 月

前　言

森林生态系统蒸散（水汽交换）是森林热量平衡与水分循环中的重要组分，也是影响区域和全球气候的关键因素。蒸散量研究对正确认识森林生态系统水文功能、深入理解生物和非生物因子对蒸散过程的控制作用、探究全球水循环规律具有重要意义。针对橡胶林蒸散量时空变异特征及其预报模型进行研究，一方面有助于揭示区域水汽循环对土地利用/覆被变化（橡胶林扩张种植）的响应，另一方面有助于推进橡胶产业向水资源合理调配的高效生态农业发展。

自 2017 年以来，云南省天然橡胶种植面积及产量已位居全国第一，而西双版纳是云南省橡胶种植面积比重最大的区域。本书以云南省西双版纳为橡胶林研究的典型区域，以期通过对西双版纳橡胶林的研究，探究云南省人工橡胶林蒸散机理及特征，为云南省人工林生态系统蒸散水文过程的研究提供理论依据。西双版纳傣族自治州地处云南省西南部边境，位于热带季风带、东南亚热带北部边缘，处于大陆性和海洋性气候的交汇处，气候特点为湿润、高温、静风。橡胶树在西双版纳地区的成功种植，是其向"非传统"区域种植扩展的典型例证。随着我国"一带一路"倡议等发展政策的布署和推动，至 2018 年底，西双版纳地区橡胶种植面积已超过 4.52×10^6 亩，干胶产量达 3.02×10^5 t，居全国第二位。但是橡胶林的大面积扩张种植，引起了植胶地的水汽循环和气候变化，影响了区域水量平衡及水资源安全。

本书将橡胶林蒸散量研究从单站点短期监测外推至长期区域尺度。在站点尺度，利用西双版纳典型橡胶林站点通量观测数据，估算橡胶林蒸散量的大小，并分析其变化规律及影响因子，建立橡胶林 Hydrus 土壤水分运移模型，综合评价土壤水分对蒸散的响应。在区域尺度，结合站点观测参数，表征西双版纳参考作物蒸散量、橡胶林蒸散量时空变化规律及变异特征，量化影响西双版纳参考作物蒸散量的主要气象因子及贡献，系统揭示橡胶林扩张种植对区域水循环的影响；同时，构建了西双版纳橡胶林蒸散量预报模型，利用公共天气预报资料对橡胶林蒸散量进行中短期预报，并开发了西双版纳橡胶林蒸散量实时预报系统，对橡胶林蒸散量、理论补水量等指标进行快速预报，为水资源高效调控提供参考依据。

本书共分为 8 章。第 1 章概述了西双版纳橡胶林蒸散量研究的背景、目的及意义，总结了国内外研究进展，概括介绍了本书的主要研究内容；第 2 章梳理了研究区概况、研究的资料与方法及数理统计方式；第 3 章开展了基于波文比及水量平衡的典型站点橡胶林蒸散量变化特征及其影响因素研究；第 4 章开展了西双版纳参考作物蒸散量时空变异特征及其对橡胶林种植的响应研究；第 5 章开展了西双版纳橡胶林蒸散量时空变异特征研究；第 6 章开展了云南省人工橡胶林生态需水特征研究；第 7 章开展了橡胶林蒸散量预报模型研究；第 8 章提出了研究结论与展望。

本书是在著者撰写的博士论文基础上补充修改而成的，在书稿撰写过程中，得到了史正涛教授、顾世祥总工的精心指导，感谢挪威工程院许崇育院士的无私指导并为本书作序，在本书修改完善过程中，许崇育院士给予了莫大的支持和帮助！此外，苏斌、喜文飞、李婕、何光熊在模型构建中给予了宝贵的建议，高书鹏、吴锦玉、沈润、蒋永泉、徐瑞、陈越豪、彭燕在绘图分析过程中给予了无私的帮助！

本书的出版得到了云南省重点外国专家项目（202205AO130008）、云南省地方本科高校基础研究联合专项（202001BA070001－243）、云南省基础研究专项重大项目（202101BC070002）、云南省高层次人才培养支持计划"青年拔尖人才"（YNWR－QNBJ－2020－099）、昆明学院项目（XJ20210036）等资助。由于所能获得的基础数据有限，加之著者水平所限，本书中难免存在不足之处，敬请广大专家、读者批评指正。

著　者

2022 年 4 月

目 录

第 1 章　绪　论

1.1　研究背景

陆地生态系统水分循环（蒸散作用）及其对自然环境和人类活动的响应一直是研究全球变化学科的核心领域。蒸散发（evapotranspiration，ET）是地球表面能量平衡的重要组成部分，也是保持水量平衡的关键环节，决定着"水圈－大气圈－生物圈"之间的相互作用；同时，它是植被及地面向大气输送水汽的唯一途径，是掌握作物生长过程耗水规律的重要依据。

1.1.1　森林生态水文过程

水分作为生态系统中最活跃的因子之一，是森林物质和能量得以循环的重要载体，也是影响森林生态系统生产力的重要因子。然而，随着水资源的日渐短缺、森林生态功能的逐步下降，研究者越来越重视水文过程对森林生态系统的影响，如生态水文学针对水文过程与植物群落之间相互作用及机制进行探讨。生态水文过程直接影响着水资源的可利用性，进而影响全球森林生态系统的植被生长。此外，森林植被对于调节区域和全球尺度的水文过程具有重要意义。可见，生态水文过程与森林植被变化之间有着密不可分的联系。人工林大面积种植显著改变了地表植被覆盖格局，对区域水文过程及水气循环产生了巨大的影响，引起了研究者的广泛关注。

森林生态水文学研究林冠层、枯落物层和土壤层之间的相互作用，是探究森林与水分相互作用的复杂过程，包括林内降水、林冠截留、树干茎流、林地植被蒸腾、土壤蒸发、土壤水分入渗等方面的内容。目前，国外已将层次分析法（AHP）、空间多准则评价（SMCE）和 CEQUALW2 模型结合，进行生态水文地图绘制。日本建立的流域生态水文学模式，综合考虑了森林冠层、地表水、非饱和带、土壤含水层、湖泊、河流等的交互作用。受全球气候变化和人类活动等因素的影响，极端气候事件频繁发生，温室气体排放量不断上升，使森林生态系统结构与功能均面临严峻的挑战，因此，进一步深入探讨森林生态系统的水文过程及其影响机制尤为重要。

（1）森林枯落物层生态水文过程。

森林枯落物又称为森林凋落物、森林枯枝落叶或有机碎屑，是森林生态系统的重要组成部分。森林枯落物层对保护物种多样性、促进物质循环、改良土壤结构、涵养水源有着重要作用。枯落物使土壤表面粗糙，径流停留时间增加，阻滞了径流产生的速度，延长了水分向土壤渗透的时间。枯落物层结构松散，覆盖于土壤的表层，可以减少雨滴对土壤的溅蚀，一定程度上能减少太阳辐射对土壤的影响，从而降低土壤层的温度。

从 19 世纪 60 年代开始，国外对枯落物持水量、枯落物水文机制和抑制土壤蒸发等问题进行了初步的探讨。20 世纪初期，学者主要对枯落物的凋落量、枯落物分解、枯落物的化学成分及其与生态系统的响应进行了系统研究，同时对枯落物土壤水分保护效应进行了分析。国内首次对森林枯落物层生态水文效应的研究是在浙江山区开展的。21 世纪以来，我国学者在枯落物的水文效应、枯落物分解、枯落物养分含量及林下土壤水文效应等多个领域开展了深入的研究。

Pereira 研究发现，枯落物在塞拉多热带稀树草原的土壤水分维持中起着关键作用，森林砍伐和恢复退化过程需进行枯落物生态水文过程研究。Zagyvai-Kiss 研究在阿尔卑斯山东麓野外条件下测定了三种树种（云杉、山毛榉、橡树）枯落物的持水能力，得出枯落物的持水能力为 2.0～2.1 L/ kg 干重。熊壮等对西双版纳橡胶林枯落物持水性的分析结果表明，橡胶林枯落物最大持水率（12.50 t/hm²）明显大于热带季节雨林枯落物最大持水率（5.53 t/hm²），橡胶林具有显著的有效最大持水量。张益等对北京典型植物的最大持水率、最大蓄积率和有效拦蓄率进行了分析，得出侧柏树-灌丛混合林＞五角枫林＞五角枫-侧柏混交林＞侧柏林，五角枫林的最大持水量、最大拦蓄量和有效拦蓄量最大持水量、最大拦蓄量和有效拦蓄量最大，侧柏林的最大持水量、最大拦蓄量和有效拦蓄量最小，并且半分解层均比未分解层大。陈颜明等对草海流域云南松林和华山松林的水源涵养功能进行了分析比较，发现云南松林枯落物层最大持水量为 4.56 t/hm²，是华山松林枯落物最大持水能力的 3 倍。温林生等的调查结果显示，人工林枯落物的有效拦蓄能力（5.31 t/hm²）显著高于天然次生林，但其平均土壤水分最大滞留贮存量（14.51 mm）显著低于天然次生林。马尾松、湿地松纯林、人工林中的枯落物层具有更高的水文功能效应。

（2）森林土壤层生态水文过程。

土壤水是整个森林生态系统内的重要组成部分。土壤生态水文环境是生态水文环境与土壤理化性质的结合。其中，地表的生态水文环境能够全面地反映土壤水气状况，而土壤的理化特性则能体现出土壤的质地结构和化学成分。土壤水分蒸散发、持水、蓄水和下渗等水文过程，对大气降水、大气温度、大气运动等气象条件具有显著作用，也对区域天气、气候的形成和演变具有重要影响。土壤含水量是土壤生态系统中关键的影响因子，其动力过程主要受降雨、温度、风速、土壤质地、土壤孔隙度、土壤容重、地形、植被类型和土地利用/覆被变化等多方面因子影响。土壤水分研究自 19 世纪 50 年代达西定理创立，逐步发展到饱和土壤水学说及土壤－植物－大气连续体系。同时，从能量的角度来分析土壤水分运动的土壤水分运动的土壤－植物－大气连续体（SPAC）理论也得以兴起。19 世纪后期，俄国学者对土壤水分的物理性质、形态和分类及其与植物生长的关系等进行了深入研究，并将毛管势能理论应用于土壤水分，得出土壤含水量取决于水势高低的结论。随着用于测量毛管势的张力计的发明，达西定理的应用被推广到非饱和流体问题上，并产生了深远的影响。

近年来，国内有关土壤水分在季节变化、物理特性、水量平衡、土壤水分含量及其与气象因子之间的关系、土壤水分运动等方面的研究取得了较大进展。研究了土壤－林地间的交互关系，加强了林地的水土保持和治理，为提高林地土壤生产率奠定了坚实的基础。土壤含水量对林木的生长发育有重要作用。土壤水分特征受土壤容重、非毛管孔隙度、总孔隙度等因素综合影响，而毛管孔隙度和总孔隙度对土壤水分的作用相对较弱。土壤水分含量沿垂直方向分布，但因土壤理化性质的差异，其变化与自然湿度、降雨量、蒸腾速率等因素有关。由于林分中的树种有很大的差别，因此其林地土壤理化性质存在差异。总体而言，自然林的物理性能优于人造林和次生林的物理性能。

混交林地对土壤物理特性的改良效果优于单种林地。不同林分土壤性质和水土保持作用的差异，使林木的枯落物层随林分生长逐步发育，从而改善了土壤特性，逐步增强了土壤的水文功能。Simonin 等认为，不同的森林密度和植被状况会对土壤温湿度迁移产生一定的作用，从而对森林生态水文过程产生影响。李陆生采用 Hydrus 技术，对黄土丘陵地区的枣树人工林内的水分生态影响进行了分析，结果表明，间作系统枣树细根根长密度在 0～60 cm 土层均显著增加。Hydrus－1D/2D 模式已被大量地用于数值计算，为建立有效的节水灌溉系统奠定了基础。利用 Hydrus－1D 对不同位置的土壤水分和蒸散发进行模拟，取得了较好的效果，证明其在模拟不同位置的水文环境时的精确度能够满足要求，能够实现水文过程的动态连续模拟。李会杰通过对黄土丘陵地区退耕还林的研究，从深层耗水、根系发育、林地水分胁迫、根系对深层土壤碳源的影响等方面进行了全面分析，认为林地耗水深度随着林龄的增长而逐步加深，最大耗水深度达 25 m 以上，深层土壤贮水量随着林龄的增长而逐渐下降。徐小牛等发现，用桉树林替代思茅松、次生常青，会导致土壤含水量、土壤平均毛管持水量降低，土壤非毛管蓄水量增大，土壤的有效储水量降低，即桉树的引种降低了土壤含水量和土壤的持水性。

不同类型水源林地和同一类型水源林地的土壤渗透特性存在差异，随着土壤深度的增加，土壤渗透性呈下降趋势，而母质层位于土壤最底层，其渗透性受外界因素（如林分类型和林分结构）的影响较小。

（3）森林的蒸发量过程研究。

蒸散发是土壤蒸发量与植物蒸腾量之和，是水循环的主要输出环节，也是生态系统水分耗散的主要形式。土壤蒸发量反映了土壤中的水气通过土壤进入大气层的量，进而对土壤含水量、地表径流量、植物的生长发育产生重大的作用。英国科学家 Dalton 首先提出大气中的风速、气温和相对湿度是影响地面蒸发的重要因素，从而为现代蒸发学说的建立打下良好的基础。1926年，Bowen 根据对地球表面的能量平衡分析，提出了蒸散发的计算公式。Thornthwait 和 Holzman 建立了基于边界层的相似性的大气蒸发扩散计算模型。Swinbank 对有关涡度的相关技术进行了深入研究，认为采用直接测定潜热流量即可实现较为精确的蒸散发的计算。Monteith 在 Penman 理论指导下，建立了一个经典的 Penman-Monteith（P-M）方程，并在此基础上创建了一个用于模拟蒸发的数学模型，并引进了"表面阻力"这一新的概念，广泛用于湿润下垫面条件下模拟蒸散发的计算。Priestley 和 Taylor 于 1972 年建立了 Priestley-Taylor 蒸散发计算模型，该模型所需的气候因素很小，可以很好地估计湿、半湿地区的蒸散发。Allen 于 1998 年将 Penman-Monteith 方程进行了简化，并将其中的生物因子替换为气象因子，从而得出应用范围更为广泛的 FAO Penman-Monteith 方程。

　　P-M 方程在计算蒸散发过程中，综合考虑了气候和农作物的影响因素，并将其视为均匀统一的整体。Priestley-Taylor 模型是 P-M 模型进行参考作物蒸散量（ET_0）估算的一种简捷方法，由于该方法所需的参数较少，因而在区域水资源和农业灌溉管理中得到了很好的推广。作物系数法是根据作物系数与基准作物的蒸发量乘积而得出的，可分为单作物系数法和双作物系数法。单作物系数法统一考虑植物蒸腾和土壤蒸发，用作物系数综合反映。双作物系数法分别采用了基础作物系数和土壤蒸发系数，考虑了植被蒸腾及土壤蒸发，其模拟值更加准确。有关资料显示，约 60% 的降雨经蒸散发过程回归大气，尤其是干旱地区，其蒸散发对农业干旱、水文干旱和气候干旱具有重大影响。在区域尺度上，蒸散发的测定是研究生态系统水循环的重要方式。从不同学科的角度对蒸散发进行分析，可以采用不同的方法，如涡度相关法、液流法、波文比法、蒸渗仪法、模型估计法、能量平衡法、水量平衡法等。综合考虑辐射、温度、相对湿度、水汽压差等因素的综合模型已被广泛应用于蒸散发过程的估算，见表 1.1。

表 1.1　不同尺度植被蒸散耗水量测算方法（李婕，2021）

尺度	测量方法	原理或测量仪器	特点
单株尺度	盆栽苗木称重法	测量两次时间间隔内盆栽苗木的质量	操作简单，无损植株；但应用范围狭窄，仅适用于控制实验
	风调室法	测定进出空调室气体的水汽含量差值	应用范围广泛，无损植株；但风调室差异导致误差较大
	同位素示踪法	对林木木质部定期注射同位素示踪剂	灵敏度高，定位定量准确；但测定值是基于多日的平均值
	热技术法	测定树干液流的流量	准确度和可靠度高；设备成本较高，长期实验会影响林木的健康生长

表1.1(续)

尺度	测量方法	原理或测量仪器	特点
林分尺度	波文比能量平衡法	依据表面能量平衡方程	自动化程度高，与气候因子拟合程度高；对下垫面要求高，需连续观测
	P-M公式法	以能量平衡和水汽扩散理论为基础设计计算模式	适用性强，计算精度高；计算参数多，是一种假想的参考作物冠层蒸散发测算方式
	涡度相关法	测定与计算物理量的脉动与垂直风速脉动的协方差，求算湍流通量	测量精度高，可得到任意时间尺度的蒸散发；仪器成本高昂，技术复杂
区域/流域尺度	水量平衡法	根据计算区域内水量的收支差额来推算	适用范围广，不受气象条件等因素限制；时间分辨率低，难以反映其日动态变化规律
	遥感法	利用红外线遥感的多时信息和净辐射资料来推算	比较精确地计算水分循环因子的交换量；受天气和地形影响，几乎不能连续观测
	空气动力学法	根据接近地层气象要素梯度和湍流扩散系数推算潜热通量	计算精度高；需要较多的气象要素，数据量偏大

近年来，我国学者对蒸散发的研究日益深入，一些研究在充分考虑不同地区的下垫面条件后，采用数字高程模型（DEM）资料对蒸散发和辐射干燥指数进行了校正，采用能量平衡来估算蒸散发的变化，并得到了其分布的规律。同时，通过对实测资料进行拟合，得出不同季节、不同下垫层的蒸散发释放存在明显的差别，并比较了传统方法、模拟方法和卫星遥感方法在反演蒸发过程中的优点和缺点，为今后的研究提供了理论依据。李婕采用波文比实测元谋干热河谷小桐子人工林实际蒸散发，得出高温与干旱胁迫均在一定程度上减弱了小桐子叶片的光合特性和植物水势，导致小桐子冠层和根系的导水能力减弱、水流阻力增加。林友兴应用涡度相关技术，通过对云南热带雨林、橡胶林、稀树灌草丛、亚热带常绿阔叶林和亚高山针叶林5种主要森林生态系统的水汽通量的连续多年观测，得出多年平均年蒸散量为热带雨林795.68 mm、橡胶林774.54 mm、稀树灌草丛435.35 mm、亚热带常绿阔叶林767.69 mm和亚高山针叶林438.83 mm，分别占各生态系统年降水量的

55.05%，59.77%，56.58%，52.80%，42.17%，表明云南主要森林生态系统均为水分盈余状态。著者利用 FAO Penman-Monteith 对西双版纳橡胶林的蒸散发进行了估算，探明了西双版纳橡胶林蒸散发的多年平均值为 985.26 mm，年平均 ET_c 变化范围为 933.01～1092.29 mm。Kumagai 利用 Priestley-Taylor 等模型估算了东南亚橡胶林蒸散量，在 Som Sanuk 为 1128 mm，在 Cambodian Rubber Research Institute 分别为 1439 mm 和 1272 mm。

植物生理学法分别用来测量树木的蒸腾和蒸发量。蒸腾主要采用液流法，它不受时间、地点的限制，土壤蒸发在水量平衡和能量平衡中扮演着重要角色。与植被蒸腾相比，土壤蒸发量的测量相对比较少，它包括直接测量和间接测量。直接测量是利用蒸发表、大型蒸渗仪及微型蒸渗仪等进行测量。蒸发表费用低廉、易于测定；但其测定值不精确，无法反映出天然状态下的蒸发量。微型蒸渗仪操作简单、测量结果准确，可以用于测量长期土壤蒸发量；但比较耗时耗力，其高度及材料也会使测量结果产生一定的误差。间接测量法是根据水量平衡原理，通过测量土壤含水率，利用土壤水量平衡公式计算得出土壤蒸发量。在很多的林分蒸散发研究中，由于不便于测定而忽视了土壤蒸发数值，虽然土壤水分蒸发并不涉及植物的生理功能，但其约占林分蒸散的 30%～40%。土壤蒸发比例较小，则可以促进林木的成长，同时能防止干旱。

目前，我国已开展了不少针对林木的水分消耗特征的研究，并对其与周围环境因素的相关性进行了初步的探讨，研究树种涉及橡胶树、桉树、杨树、油松、侧柏、毛白杨、落叶松等。赵文芹发现，毛白杨林分蒸散发与气候因素和土壤含水量存在显著相关性，太阳辐射和空气水汽压是影响蒸散发的主要因素。Lin 等采用液流测量，对不同林龄橡胶林水分利用效率及其与环境和生物因子的关系进行了分析，得到橡胶树多年平均水分利用效率为 (2.34 ± 0.19) g·C/kg H_2O，且在年际尺度上与光合有效辐射成负相关。林友兴等利用 Granier 热扩散探针观测不同林龄橡胶林的液流密度变化特征，发现西双版纳不同林龄橡胶树的液流密度大致呈抛物线形变化，峰值出现在生命活动最旺盛的中龄期（25 年林龄）；橡胶林的蒸腾量总体上随林龄的增大而增加，最大值出现在老龄期（50年林龄）；西双版纳地区橡胶林的年平均液流密度为（16.42±3.24）g/（m^2·s），年平均蒸腾量为（870.58±145.89）mm。

20世纪70年代，研究者提出作物阻抗蒸发蒸腾模型。为热红外遥感温度应用到蒸发蒸腾模型提供了理论依据。Teixeira应用陆地表面能量平衡算法（SEBAL）的理论，对巴西半干旱地区Low-Middle Sao Francisco河流域的4个通量点和7个农业气象站的地面测量进行了校准和验证，估算了混合农业和自然生态系统的日蒸散发值，与实测值对比拟合度较高。他对模型参数进行了修正，将平流分量作为作物蒸散发可用能量的一部分，并使用SEBAL-A估算的蒸散发与利用能量平衡系统测量的实际蒸散发进行比较，证明其能够准确估算干旱和半干旱地区的蒸散发。

从20世纪90年代初开始，我国主要通过地面的遥感反演和地面的能通量来进行地区蒸腾研究，并取得许多突破。王凯利利用 MOD131A1、GRACE 和 PML_V2 ET 遥感产品，通过 Slope 趋势和 F 检验，揭示了不同时期的黄土高原植被和蒸散发的时空分布规律，得出黄土高原多年平均蒸散发量为445.36 mm，呈现由东南向西北递减的空间分布格局，年际增长速率为4.47 mm/a。刘海元以 SEBAL 模型为基础，利用地球卫星遥感资料，对海河流域蒸散发进行了研究，发现海河流域的蒸散发具有显著的时空不均匀性，土地利用/覆被变化趋势及时空动态都会对其产生一定的影响。杨明楠通过对北川盆地的植被覆盖和蒸散发的遥感数据资料和实测土壤蒸散观测数据进行了研究，发现2000—2019年由于植物在生长季蒸发量降低，导致该地区年均蒸发量下降了33.23 mm。张海博以水量平衡原理为基础，运用 SEBS 技术，对北京市北部地区的土壤涵养量进行了分析，并结合 SCS 模型计算地表径流，得到了较为精确的水源涵养量数值。

目前，尽管国内外学者对植物的耗水量进行了大量的探讨，但仍有不少的缺陷和不足，如当前植物耗水量研究的对象多为大面积种植的林木和植被，侧重于不同树种类型的耗水性的分析，但对于特定时期内的树木实际耗水量及潜在耗水量却缺乏深入的探讨和相应的应用研究。

1.1.2　云南省主要人工林生态系统

大气中的温室气体浓度变化与全球变暖的生态相关效应已成为世界各国

研究的热点。联合国政府间气候变化委员会（IPCC）的报告显示，由于受土地利用/覆被变化和人类活动影响，大气中 CO_2 的含量正以前所未有的速率增长。陆地生态系统作为全球碳循环的重要组成部分，对大气中 CO_2 的含量和气候变化会产生重大影响。森林是大陆上最大的"碳库"，是实现"双碳"（碳达峰和碳中和）目标的主要途径，它对控制全球碳平衡和减缓温室气体对全球气候的影响具有举足轻重的地位。森林是陆地上面积最大、结构最复杂、初级生产力最高的生态系统，其土壤碳储量约占陆地土壤碳储量的 73%。在我国的生态环境保护与可持续发展中，林业具有基础性和战略性的作用。据统计，我国是世界上人工林面积最大的国家，我国的人工林在全球生态系统碳循环中扮演着不可或缺的角色。植树造林作为有效的应对气候变化的手段之一，已逐渐得到国际社会的普遍认同。人工林是新增固碳的一种主要方式，它通过乔木、灌木、草本层、青苔等植被的光合作用，吸收并储存空气中的 CO_2，增加环境固碳量，降低 CO_2 实际排放量。可见，植树造林是提高环境固碳能力、实现"双碳"目标的重要途径之一。

"双碳"目标是国家可持续发展和高质量发展的内在需求，是推进人类命运共同体的重要组成部分，已纳入经济社会发展和生态文明建设整体布局。坚持生态优先、绿色低碳的发展之路，扩大森林面积，提升森林质量，提高生态体系的碳汇总量，构建和完善生态商品价值实现机制，对实现我国"双碳"目标、维护全球生态安全有重大意义。

1.1.3　云南省人工经济林基本构成

云南省拥有大量的森林资源，动植物资源丰富多样，气候属亚热带高原季风型，立体气候特点显著，年温差小，日温差大，干湿季节分明，气温随地势高低垂直变化异常明显。云南省的森林覆盖率很高，在全国处于领先地位，大部分地区日照充足，植被因光合作用强烈而生长旺盛，霜冻期短，冬日无严寒，夏日无酷暑，作物生长环境较好，适宜发展人工经济林。

《中共中央 国务院关于加快林业发展的决定》中提出了新时期国家林业发展的新思路。云南省从云南林业发展的历史和现状出发，布署"建设一个比较完善的林区和比较完善的林业工业体系"战略，提出"实施六大工程""打造八大产业"的发展规划,这将加速云南省森林资源培育和林业产业发展,推动云南省经济社会全面协调发展。自改革开放以来,云南省充分发挥林草资源优势,以橡胶、桉树、云南松、茶叶、咖啡、核桃、板栗、银杏、果梅、云南皂荚、澳洲核桃等为主体,积极建设特色经济林。特色经济林是云南林业产业的重要组成部分,是云南省山区群众重要的经济来源,大力发展具有特色的经济林产品,是促进云南省林业产业发展的现实需要,也是促进云南省经济发展的重要手段。

1.1.4 云南省主要人工经济林发展布局

我国人工经济林建设正在健康快速发展,取得了良好的经济效益。据2009—2013 年度国家第八次森林普查资料,我国人工造林面积达 0.69 亿 hm^2,占全国林地面积的 36%,占世界人工造林面积的 33%,位居世界第一。自自全国首次森林调查至今,我国人工造林的规模已扩大近 2 倍,森林积蓄量扩大至原来的 15 倍,并且保持着持续增长的趋势。人工经济林数量面积的增长满足了社会经济建设中对森林资源的大量需求,特别是缓解了森林木材资源供给不足的问题,从而减少了森林砍伐,间接地保护了天然森林。在全球气候变化及开展国家生态文明建设、美丽中国建设、森林城市建设和美丽乡村建设的历史新时期,我国的人工经济林产品能促进生态环境改善、生态产品质量优化、城市绿化提升、美丽乡村建设等。

截至 2020 年,云南省林地面积 2800 多万亩,其中森林面积 2400 多万亩,森林覆盖率达 65.04%,人工造林面积 760 多万亩。人工经济林是云南省林木产业的重要组成部分,云南省在"森林云南"的大力推动下,大力发展林业产业,并进行了产业结构优化,林业产业发展成效已初见端倪。根据2010—2019 年《中国统计年鉴》,云南省经济林产业总产值的有关资料如表1.2 所列。

依托资源基础、交通条件、市场对外开放等方面的有利条件,云南省大力生产核桃、澳洲坚果、野生菌、林下中药材、木竹等,旨在打造 3~4 个产业集群区,辐射滇西南地区林木产业发展,形成楚雄—大理—临沧—保山—德宏产业带、普洱—西双版纳产业带、红河—文山产业带、金沙江产业带、楚雄-大理-临沧-保山-德宏产业带。

表 1.2 2010-2019 年云南省经济林产业总产值

年份	林业总产值指数	林业总产值/亿元	香蕉总产值/万 t	柑橘总产值/万 t	油桐籽产量/t	油茶籽产量/t	松脂产量/t	橡胶产量/t
2010	106.6	196.1	115.6	38.3	16611	6616	161745	298414
2011	106.1	184.2	133.6	41.7	22029	7774	168065	330635
2012	112.2	245.7	168.7	45.0	16129	5447	169652	363412
2013	110.0	225.8	218.3	51.7	19314	14334	157149	389844
2014	112.1	293.3	240.5	56.6	18277	15390	182369	425604
2015	108.8	303.1	237.0	53.6	20008	16764	159476	433294
2016	109.7	317.1	258.8	59.5	19343	16944	134476	439290
2017	111.1	330.4	270.0	61.3	17144	18058	118662	448615
2018	110.7	381.5	176.8	63.6	15475	14237	113016	437867
2019	109.9	396.9	203.5	57.6	15766	20043	108490	454776

云南省大力生产花椒、竹笋、油茶、八角、板栗、油橄榄、滇皂荚、沉香等,有滇东北、滇西北、滇中、昆明、玉溪、楚雄、滇西、普洱、西双版纳、滇东南等十个林草产业集群,以及滇东北地区具有独特优势的林业产业集群。重点发展鲁甸、昭阳、彝良、会泽、宣威、滇西北地区具有独特优势的林业产业及滇中的木材和竹子加工等林木产业。昆明和玉溪重点发展家具、地板、木门等精深加工,以及观赏苗木、野生菌、板栗等特色林产业。楚雄、南华、大姚、双柏等地区重点发展核桃、花椒、野生菌产业。以永平、漾濞、凤庆、昌宁为中心,建设滇西地区核桃经济发展基地,促进云南省核桃产业的高品质发展。滇西地区的腾冲、盈江、瑞丽发展木材和竹子加工业,以及澳洲坚果、油茶等产业。普洱、景谷、宁洱、思茅和澜沧发展林纸、林化工、林板、中药材等产业,致力于打造具有鲜明特色的绿色经济高地。景洪、勐腊和勐海三个地区将大力发展天然橡胶、木材、中药材、生态旅游和森林养生产业。文山和红河主要发展如油茶、八角、特色水果、观赏苗木、林下中药材等特色经济林产业。

1.1.5 云南省橡胶产业发展现状

人工橡胶林是一种能保持水土、涵养水源、固碳增汇的典型经济林,具有较好的生态效益、社会效益和经济效益。橡胶树是天然橡胶的唯一来源,天然橡胶是一种可持续利用的再生资源，也是关系国计民生的保障性战略资源。至 2020 年，全国天然橡胶种植规模达 900 万亩以上，建成投产 600 万亩，年产天然橡胶 60 万 t，重点发展了 400 万公亩的优质核心橡胶林地和 100 万亩的高端橡胶林示范基地。新建和再生胶林的良种化比例达 100%，发展生态胶林及林下种、养殖业，将经济发展和环境保护相结合。同时，不断扩大国外橡胶生产基地规模，合作开发了 250 万亩的海外合作橡胶林，年产天然橡胶达 15 万 t。我国积极推进橡胶木材、橡胶种子、橡胶初加工过程中生产废水的综合治理和利用，延长橡胶产业链，大力发展林下种植和养殖业，发展胶林庄园，继续实施废旧橡胶再利用工程，提高橡胶资源的综合利用率；进一步提高天然橡胶产地的生态种植环境条件，同时大力扶持企业开发新工艺、新技术，解决橡胶初加工污水处理问题及橡胶林副产品的综合开发问题；发展橡胶种子综合应用工业，建设 3～5 个大型橡胶木材加工产业，扩大林下种植和养殖面积 100 万亩以上，促进天然橡胶工业全面发展，实现 30 亿元以上产值。

云南省是全国最大、最优质的天然橡胶产地，天然橡胶种植面积 900 多万亩，约占全国橡胶种植总面积的 50%，投产面积占比为 43.0%，云南省天然橡胶年均产量近 50 万 t，占全国橡胶总产量的 55% 以上。云南省人工橡胶林种植区遍布全省 6 个州市 27 个县（乡镇），从事家庭橡胶经营的人员达 55 万。截至 2021 年，云南省有 460 万亩橡胶林地，是橡胶林产权改制前云南省橡胶林地的 2 倍。天然橡胶已经发展成为云南省最具地方特色的经济重要产业，对我国的经济和社会发展发挥了巨大的推动作用。发展优质的天然橡胶产业，有利于保证我国工业原料的供给，保证国家战略储备，保证国防和经济的稳定。同时，橡胶林种植业把边疆少数民族的资源优势转变成工业和经济上的优越性，对云南省的社会经济发展起到积极的推动作用。

云南省 2010 年总干胶量在 30 万 t 左右，其中农垦生产 17 万 t。西双版纳是云南省天然橡胶的重要产地，2010 年干胶产量达到 25.4 万 t，占云南省干胶产量的 84.7%。西双版纳的景洪、东风、勐捧农场的天然橡胶产量位列全国前三。其中，景洪农场年均生产的干胶达 2.2 万 t，远高于八一农场的年均干胶产量。云南农垦集团在 2009 年度达到了 16 万 t 的干胶产量，较上年同期增加 5.5%。其中，自产橡胶 12 万 t（不包括非公橡胶），较上年同期增加

14.81%。自 2001 年起，云南农垦集团大力推广种植橡胶树，民营橡胶林 2005 年也开始快速发展，年均橡胶林更新面积达 30 万亩。目前，我国的橡胶林产业已由单一的经济模式转变为多种橡胶林经济模式并存发展。

云南省橡胶产业经过多年的发展经营，从土地资源调查、造林、引进试种、种植规模经营、种子推广、综合抗旱、增产综合技术、割胶制度的改革，到植胶效益的巩固和提高等方面的不断探索改良，已成为云南省特色农业四大支柱产业之一。云南省现有的天然橡胶种植区分布在海拔 100～1000 m 的热带、亚热带地区。其中，以云南省南部和西部为主导，主要集中在西双版纳，其次是普洱、红河、临沧、德宏、文山、保山等各州（市）。云南省具有较好的自然生态环境，且大部分的橡胶生产基地毗邻，有利于橡胶产业的规模化生产和重组，同时在云南南部、西南部的各州（市）建有橡胶工厂和农场，并在橡胶林下进行了大量的混合种植试验，如橡胶－大叶千斤拔、橡胶－可可、橡胶－茶叶等混合种植模式在不断完善和发展。

橡胶树作为重要的经济作物，来自湿热的美洲亚马孙热带雨林。橡胶树是天然橡胶独一无二的生产者，而天然橡胶是确保国家安全、社会经济发展和人民生活需要的重要基础战略资源。全球约有 50% 以上的橡胶需求来自天然橡胶，特别是在航空航天、汽车等重要工业领域，天然橡胶更是不可取代的。随着全球经济的发展，国内外对天然橡胶的需求持续剧增。1980—2010年，世界橡胶种植面积增长了近 20%，其中东南亚地区橡胶种植面积增长比例最大，占总增长面积的 90% 以上，其已成为全球天然橡胶的重要生产基地。在中国、老挝和缅甸等 11 个国家的交界区域，橡胶种植面积从 7.1×10^4 hm^2 增长到 6.0×10^5 hm^2，增长了近 10 倍。橡胶种植园从南北纬 10° 之间的传统种植区扩大到热带北缘非传统区，亚洲超过 4.0×10^6 hm^2 的非传统橡胶种植区已转变为橡胶种植园。

在我国，橡胶种植园主要分布在热带、亚热带地区，经过大量引种驯化和不断研究，云南、广西、海南等地实现了橡胶种植非传统区的北移，扩大了种植的区域，丰富了我国天然橡胶的储备资源。西双版纳傣族自治州（以下简称西双版纳）地处我国滇西南北纬 21° 附近，其气候、水热条件是橡胶生长的"极限"。橡胶树在西双版纳的成功种植，是其向非传统区种植扩展的典型例证。随着国家"一带一路"倡议等发展政策的部署和推动，至 2018 年底，西双版纳地区橡胶种植面积已超过 3.01×10^5 hm²，干胶产量达 3.02×10^5 t，居全国第二位。

在西双版纳经济社会发展中，橡胶产业规模最大，也最具地域特色。据统计，在西双版纳地区，2018 年从事与天然橡胶产业相关工作的人员超总人口的 11%，农民人均净收入一半以上来自天然橡胶，国民经济的发展和对天然橡胶需求的与日俱增，大大促进了西双版纳橡胶产业的蓬勃发展。在经济利益驱动下，西双版纳橡胶种植面积呈指数上升，尤其国际橡胶价格在 20 世纪 90 年代中期和后期连续上涨，加之土地制度改革，致使西双版纳出现了盲目追求经济利益、肆意开荒垦植橡胶的现象。其大部分地区不仅"弃田改胶"，而且"毁林种胶"，大量热带雨林被砍伐而种植橡胶树，致使热带雨林大面积被侵占，橡胶种植开始从低海拔平坦的"适宜区"向高海拔山地的"非适宜区"扩张。

20 世纪 50 年代，西双版纳天然林面积覆盖率超过 70.00%，到 2014 年下降至不足 55.60%，而橡胶种植面积则升至全自治州总面积的 22.14%，可见，西双版纳土地利用类型和植被覆盖变化剧烈。目前，西双版纳地区约 41.70% 的现存森林处于海拔 900～1200 m 的橡胶林快速扩张区，面临着被橡胶种植园肆意侵占的严峻形势。单一橡胶林扩张种植导致天然林面积不断减少、生境破碎程度加剧，进而导致区域生物多样性降低、水土流失、涵养水源能力下降、空气相对湿度降低、雾日数减少、气候从湿热逐步转为干热，以及加速西双版纳地区极端气候的形成、造成区域水资源短缺等一系列负面影响。

人工橡胶林是速生性经济林，对水量的吸收利用远超一般作物和灌丛植物，橡胶林的蒸散耗水特征一直是研究的热点。蒸散量是保证橡胶林正常生长及衡量其生态系统健康的重要指标，而橡胶林过度利用植胶地水分来满足自生蒸散需求，加大了对水分的损耗。相关研究结果表明，橡胶林年蒸散量比热带雨林年蒸散量高 28%～30%，而其涵养水源和水土保持值却低于热带雨林，仅为热带雨林的 48.92% 和 87.62%。与热带雨林径流终年不断流相比，橡胶林的年无径流日达到 80.4 天，特别是在干季，橡胶林种植区地表部分支流断流或径流量减少，水流量和（或）地下水位发生急剧变化，人畜饮水出现罕见的季节性短缺。橡胶林的大面积扩张种植影响了植胶地的水汽循环和气候变化，造成区域水资源危机。自 2010 年以来，西双版纳地区季节性旱灾频发。橡胶林种植面积在西双版纳地区迅猛扩大,对区域水量平衡及水资源安全产生的影响,引发了社会各界的广泛关注。

目前,针对人工橡胶林蒸散量的研究大量集中在短期单站点尺度,对长期区域尺度的宏观研究不多,而利用站点-区域相结合进行的多尺度研究更需进一步探讨。因此,亟待对低纬度山区西双版纳橡胶林蒸散量时空变异特征及其预报、预测开展多尺度研究。这是揭示橡胶林扩张种植引起区域水资源供需问题的关键,有利于探索有效的生态系统管理与调控措施,缓解区域公共水资源危机,以促进橡胶产业生态、经济、社会协调发展。

1.2　研究目的及意义

1.2.1　研究目的

天然橡胶与钢铁、石油等紧缺资源具有同等重要的国际战略地位。西双版纳橡胶种植园的急剧扩张,影响或改变了区域水循环和水量平衡要素,对生态和环境造成潜在的负面效应。本研究立足于保障生态与农业发展相适应,以促进经济与资源环境相协调为出发点,基于现代观测资料、卫星遥感数据、气候资料,以及土地利用、植被、土壤、物候等数据,系统开展西双版纳橡胶林蒸散及预报研究,主要研究目的有以下三点。

(1) 从站点尺度出发,利用野外站点监测数据,分析橡胶林生态系统蒸散(水汽交换)变化特征及主要影响因子,建立橡胶林 Hydrus-1D 土壤水分运移模型,讨论蒸散量对林下土壤水文过程的影响,揭示橡胶林遭受干旱胁迫时对土壤水分吸收的利用规律,探讨引起橡胶种植区干季水资源短缺的主要原因。

(2) 从区域尺度出发,表征 1970—2017 年西双版纳参考作物蒸散量、橡胶作物蒸散量时空变化规律及变异特征,量化影响西双版纳参考作物蒸散量的主要气象因子及贡献,分析橡胶林大面积种植背景下橡胶林蒸散量空间稳定度和变化趋势,讨论橡胶林种植区水量供需平衡关系,研究橡胶林扩张种植对区域水循环的影响。

(3) 从缓解区域水资源短缺的目的出发,开发西双版纳橡胶林蒸散量实时预报系统。针对 P-M 公式计算参考作物蒸散量所需参数较多且难获取，通过解析公共天气预报信息，修正参考作物蒸散量预报参数，构建西双版纳橡胶林蒸散量预报模型，并运用 TensorFlow 下的 keras 神经网络库开发实时预报系统，达到快速预报西双版纳橡胶林蒸散耗水动态变化的目的。在充分利用公共信息的基础上，为橡胶林抗旱补水提供数据指导，促进区域水资源的合理利用和优化配置。

1.2.2　研究意义

本研究的意义体现在以下三个方面。

（1）基于橡胶林野外站点实测数据，对橡胶林生态系统蒸散（水汽交换）过程及主要影响因子进行研究，为区域尺度橡胶林蒸散量时空变化及蒸散量预报提供了橡胶作物系数等实测基础参数，构建了橡胶林 Hydrus 土壤水分运移模型。本研究将实测数据与模型模拟相结合，验证土壤水分是影响橡胶林蒸散量的关键因素，弥补了站点土壤水分监测受时空尺度限制的欠缺，也为西双版纳橡胶林蒸散过程土壤水量平衡相关研究提供了科学依据。

（2）量化影响西双版纳参考作物蒸散量的主要气象因子及贡献，为研究橡胶林蒸散量空间差异及区域干湿状况分布提供理论依据，全面、系统地分析橡胶林（人工林）生态系统蒸散分布的时空格局及变化趋势，对于区域水资源动态变化、水量平衡及全球水循环研究具有非常重要的意义。此外，对橡胶林蒸散量预报的研究，是寻求调控管理橡胶林生态系统的有效途径，为推进橡胶产业稳步地向优化调配、高效节水方面发展起到了关键作用。

（3）西双版纳属低纬度丘陵山地，位于东南亚北部热带边缘，是橡胶种植纬度和海拔的上限，橡胶林水分循环和热量平衡（蒸散）直接影响着区域水资源安全，也影响着生物多样性及生态系统的健康可持续发展。研究西双版纳橡胶林生态系统蒸散量时空变异特征及预报，一方面可以为低纬度山区人工林种植影响区域水汽循环的多尺度研究提供参考；另一方面有利于合理调整种植区划，改善和恢复橡胶林种植区生态环境，实现水资源的高效、可持续利用，为制定西双版纳橡胶种植业发展战略提供强有力的科学理论保障。

1.3　国内外研究现状

蒸散是林地水分状况的重要表征，是林地热量和水分平衡的重要组成部分，也是林地与大气交换水、热的重要途径。

一直以来，森林生态系统蒸散过程复杂，是众多学者从不同尺度进行研究的热点。在站点尺度方面，一般采用微气象法，即在靠近地面的湍流层中观测空气中的水汽通量。其中，蒸渗仪法、波文比-能量平衡（BREB）法、涡动相关（EC）法、P-M 公式法等是常用的方法。而在区域或流域尺度方面，主要通过水量（能量）平衡原理分析气候及下垫面对蒸散量的影响，常用的方法有水量平衡、遥感解译、空气动力学、SPAC 综合模拟等。这一系列方法从站点尺度到区域尺度对蒸散量进行了研究，以分析整个生态系统蒸散过程中水分和能量的转换关系。

1.3.1　站点尺度橡胶林蒸散研究现状

橡胶林作为全球重要的经济林，其蒸散特征及影响因素受到国内外学者的关注。赵玮等人利用树干液流法测定了西双版纳成龄橡胶树的蒸腾量，表明影响橡胶树蒸腾的环境因子随季节而改变。橡胶树根系发达，在干季受到水分胁迫时，可吸收利用深层的土壤水分，缓解水量亏缺，以保证正常的生长耗水，但造成了地下水位下降。Kobayashi 等人为了解东南亚橡胶林扩张对当地水文环境的影响，对柬埔寨橡胶种植园的蒸腾耗水量进行了监测，发现橡胶林蒸腾量受不同林龄、林分大小和环境因子影响。Isarangkool 等人比较了橡胶树树干液流的蒸散量和基于土壤水分平衡估算的蒸散值。林友兴等人对西双版纳四种不同林龄橡胶林的蒸腾量进行了推算，发现老龄期橡胶林的蒸腾量大于幼龄期橡胶林的蒸散量。受环境因子和季节的影响，橡胶林的湿季蒸散量远远高于干季蒸散量，而干季月份的蒸散率普遍高于湿季月份的蒸散率，年蒸散量占降雨总量的52.65%～70.40%。

大量研究结果表明，橡胶林过度利用植胶地水分，将造成负面的水文生态响应。在西双版纳，橡胶林代替天然林大面积种植后，显著改变了区域产流过程，出现了村落居民饮水短缺、种植区地表零径流等现象。可见，橡胶林蒸散量大、对水量需求高是引起区域季节性水资源短缺的重要原因。Tan等人通过配对流域对比分析西双版纳橡胶林和天然林蒸散量，发现橡胶林蒸散量高，是天然林蒸散量的 $116\%\sim122\%$；雨季时，土壤蓄水量不足导致无法维持橡胶种植园较高的蒸散量，是引起橡胶种植园干季地表无径流和水资源短缺的主要原因。橡胶林代替天然林种植，改变了原有地形，在坡地上建造梯田时减少雨水入渗，影响了植胶地的水循环。泰国和柬埔寨的橡胶林年平均蒸散量分别为 1211 mm 和 1459 mm，高于这两个地区的热带季节性森林年平均蒸散量（812～1140 mm）和稀树草原年平均蒸散量（538～1060 mm），由此可以得出，橡胶林或对本地的水资源有制约作用，橡胶林落叶后迅速长叶及橡胶树在雨季时的高蒸散量是橡胶林蒸散量高的主要原因。

西双版纳橡胶种植园的水分消耗主要由水汽压差、温度和光周期密度等环境因子控制。通过蒸散模型模拟表明：与传统的植被覆盖相比，以橡胶为主的景观通过蒸散造成的年水量损失更大，减少了地表径流或土壤水分含量。另外，影响橡胶林蒸散的主要环境因子在干季和雨季是不同的，但净辐射量（R_n）和饱和水汽压差（VPD）是各季影响蒸散的主要因素。

土壤水分是林地蒸散量最主要的来源之一，因此，很多国内外研究者对橡胶林地水分运移和水量平衡进行了研究。利用水量平衡原理，研究者分析了水量变化趋势、植物生物量和土壤水分耦合及借助遥感卫星测定土壤含水率等。目前，利用 Richards 方程拟合非饱和土壤水分运移，以气象因子为输入参数，是比较准确的进行模拟土壤水分的模型，如 Hydrus。在 Hydrus－1D 模型中，研究者可以通过实测数据校准模型中的吸水参数。例如，Tu 等人基于 Hydrus 模型对成熟柑橘园的水分收支进行了估算；李陆生基于 Hydrus 模型对山地旱作枣园的土壤水量变化进行了分析模拟；Markewitz 等人利用实测土壤水分数据校准了 Hydrus－1D 的模型参数，模拟分析了降水梯度对亚马孙雨林的深层土壤耗水的影响规律及特征。由于非饱和区土壤水流的垂直运动速度明显快于横向运动速度，若土壤均匀且各向同性，在根系水分上升的条件下，土壤水分移动将限于垂直方向。目前，优化模型参数可利用研究区实测数据资料来率定校正。

蒸散量的相关研究在气象学、水文学和生态学研究中都是十分重要的内容，其对于深刻认识与理解橡胶林生态系统物质循环与能量交换过程具有重要意义。

1.3.2 参考作物蒸散量时空变异规律研究

参考作物蒸散量是水汽循环、能量平衡的关键因子，是评估气候干燥和湿润程度、作物蒸散耗水量和估算作物生产潜力的必要参数。

ET_0 的变化趋势及影响要素一直都是业界研究的热点。Goyal 等人运用 P-M公式，分析了印度拉贾斯坦邦干旱区 ET_0 的变化特征，并对 ET_0 在全球气候变化下的敏感性进行了分析。顾世祥等人研究了纵向岭谷区 ET_0 的变化特征及规律，认为该区日最高温度影响 ET_0 年内变化，而 ET_0 年际变化的主导因素是日照时数。Roderick 等人认为，过去 50 年以来，大量的云和气溶胶浓度的增加是导致澳大利亚和新西兰 ET_0 下降的主要原因。Jerszurki 等人计算出巴西热带、亚热带 9 个不同气候区的最高和最低气温、太阳辐射（R_s）、饱和水汽压差（VPD）和风速（u_2）的日敏感性系数，发现各气候类型的 ET_0 对 VPD，u_2，R_s 的年变化最敏感。

由于研究区域时间和空间的尺度差异，导致各气象要素对 ET_0 变化贡献率的区别。谢虹和曹雯等人根据 P-M 模型估算了青藏高原的 ET_0，发现净辐射是影响 ET_0 变化的最大因素，而日照时数却是明显影响山东、海南等地 ET_0 变化的主要因素；张扬等人研究了不同海拔区域气象要素对 ET_0 变化的敏感性和贡献率，得出随海拔上升，ET_0 值呈先增后减的趋势，不同海拔地区 ET_0 变化的驱动因素不同。一系列研究结果表明，受到季节、地域位置等时空尺度差异的影响，ET_0 对气象要素的敏感性和贡献率均存在区别。

气候变化对 ET_0 产生影响，人类的活动则是 ET_0 变化的决定因素。Ozdogan 和 Salvucci 等人研究了地表和大气之间的反馈机制，发现 ET_0 变化与同期灌溉面积的增长相耦合，一般从 14 mm/d 下降到 7 mm/d，降幅超过 50％。Benes 等人估算了美国加利福尼亚州西部地区牧草和田间作物的蒸散量，结果表明，干旱和灌溉缺水对不同灌溉条件下区域蒸散量产生影响，区域 ET_0 呈升高趋势。Lee 等人探讨了植被覆盖变化对印度次大陆地区夏季风前期降水的影响，表明随着灌溉和植被覆盖的增加，引起了蒸发量升高、地表温度下降，促使驱动季风的热力比降低，削弱了季风环流，在一定程度上影响了区域气候。Han 等人基于蒸散量互补的简单预测方法，研究在 50％ 和

75％降雨水平下，不同灌溉情景单位面积净灌溉需水量的未来变化趋势。Li等人将土地利用/覆被变化（LUCC）和气候数据相结合，研究了不同的土地利用对蒸散量变化的贡献，并将各气象因子贡献均等化，定量分离蒸散量受气候和土地利用变化的影响比例。贾悦等人对区域 ET_0 受气候变化与人类活动（灌溉）的影响进行了定性、定量分析。

1.3.3　林地蒸散量时空变化研究

蒸散量是保证陆地林草植被及人工生态系统良性发展所需水量。水资源供需长期受社会、经济、生态等因素的影响，在土地利用和覆被变化的背景下，森林生态系统会被干扰，使林地土壤水分动态过程和生态结构与功能发生改变。

林木的水资源消耗量明显高于一般作物，以美国西北部的橡树林为例，气温上升和降水结构的变化会影响橡树林蒸散及林下土壤含水量。何永涛等人利用 K_c-ET_0 法，结合土壤水分限制系数（K_s），估算了我国黄土高原地区现有林地的 ET_c。目前，蒸散量在区域尺度上的研究大多基于遥感影像进行。符静利用遥感影像解译、GIS 空间分析建模技术，研究了我国南方湿润区林地蒸散量时空变化特征；郝博利用 GIS 空间分析，对石羊河流域各典型水文年乔木、灌木等林地及疏林地的蒸散量和生态缺水量时空变化规律进行了研究；周晓东以参考作物蒸散量为基础，利用 3S 技术和 DEM 模型的空间插值，分析了云南小江流域不同水文年林地蒸散量空间分布格局；Chi 等人研究了额尔古纳地区的阔叶林、针叶林和草原，结合 P-M 公式与遥感影像对 K_c 进行了分析计算，呈现了蒸散量时空变化及生态缺水量；刘娇和 Hochmuth 利用 Landsat TM/ETM＋和 MODIS 影像数据对黑河流域植被进行了分区，反算 K_s，K_c，采用 P-M 公式计算 ET_0，通过空间插值分析黑河流域典型水文年植被蒸散量，掌握植被生态缺水量及其空间分布状况；刘佳慧等人提出了基于 3S 技术的植被蒸散量计算方法，建立了植被群落类型及其面积大小和生态用水量等级之间的空间分布图。

另外，国内外学者基于变异系数（CV）和 Theil-Sen Median 趋势分析，对区域尺度蒸散量时空变异特征进行了一系列研究。张凤巧等人利用 CV 分析了锡林郭勒草原近 14 年蒸散量时空变化的稳定性；邓兴耀等人利用稳定度和趋势变化参数，分析了我国西北干旱地区蒸散的空间分布、不同维度的空间差异和时间变化规律；温媛媛等人利用 CV 反映了山西地表蒸散量的年际变化稳定度，并且采用逐像元分析方法分析了蒸散量变化趋势；梁红闪等人利用 CV 和 Theil-Sen Median 趋势分析方法，研究了伊犁河流域 2000—2014 年蒸散量时空变化特征及波动性。

橡胶林蒸散剧烈，对水量消耗大。相对于热带雨林，橡胶林冠层对降雨的截留量不高，林下土壤受人为干扰因素影响，质地密实、斥水性高，使得降水不易渗入，导致橡胶林地雨季林下径流增加，林地土壤储水量降低，干季橡胶林在很大程度上无法从土壤中获取充足的水量，对橡胶种植园的生长和生存产生了重大影响。橡胶种植园对水量的消耗，造成了当地居民人畜饮水困难等一系列水资源短缺的负面影响。因此，考虑到橡胶林的功能和效益，进行橡胶林蒸散量（水汽）时空分布格局研究，可向相关部门提供参考资料，有助于合理利用水资源，实现效益最大化。

1.3.4 作物蒸散量预报研究现状

全球气候变化和人类活动导致了淡水资源短缺等一系列问题，寻找控制和管理生态系统中水循环的有效方法，是研究者面临的一个重要课题。

作物蒸散量（ET_c）受到气象条件、土壤水量、作物类型等诸多因素影响。目前的方法有直接法和间接法，直接法是通过站点实测数据进行直接估算，间接法则是通过参考作物蒸散量和该作物的作物系数（K_c）进行计算。相比直接法，间接法避免了试验条件的局限和经费、周期的影响。

在采用间接法计算 ET_c 时，ET_0 的估算是决定因素。P-M 模型、Hargreaves-Samani（HS）模型、reduced-set Penman-Monteith（RPM）模型、Blaney-Criddle（BC）模型和神经网络（ANNs）模型都是常用的 ET_0 估算模型。国内外研究者将 ET_0 估算模型结合地区气象信息进行率定校正和 ET_0 的预报研究。

国内外研究者对 ET_0 的预报研究，大多采用历史时间序列分析的方法。Mao 基于灌溉实测数据，提出了理论严密、精度较高的逐日作物需水修正模型；Mohan 等人利用指数平滑法、自回归积分滑动平均模型来预报每周 ET_0 系列值；李远华和崔远来等人提出基于漳河灌区天气类型修正系数和逐日均

值修正法的 ET_0 计算与预报方法；顾世祥等人构建了多维 Copula 联合分布函数，系统修正预报模型，对逐日潜在蒸散量及气象干旱进行了预测。

此外，基于天气预报资料、率定校正 ET_0 计算模型进行预报的相关研究也逐步受到关注。目前，普遍用于 ET_0 预报的模型包括 P-M 模型、HS 模型、RPM 模型等。

天气预报信息是 ET_0 预报的关键参数，分为数值天气预报和公共天气预报。部分研究者利用数值天气预报信息开展 ET_0 预报，但相比于公共天气预报，完整的数值天气预报信息较难获取且解析难度较大。近年来，公共天气预报作为资源被部分研究者用于 ET_0 预报，且获得了较好的预报效果。

同时，ET_c 的预报中也越来越多地涉及公共天气预报的运用。Mao 提出了一种基于土壤、植物、气象数据等 ET_c 的预报方法；茆智等人基于河北旱作物和广西水稻试验，提出精度高、通用性强且方便使用的数学模型，进行逐日作物需水量预报；李远华和崔远来基于漳河灌区水稻实验，提出了一种预测水稻 ET_c 的方法；Zhang 等人采用 K_c-ET_0 法和公共天气预报资料对短期作物逐日 ET_c 进行了预报；Li 等人利用公共天气预报进行 ET_c 的逐日短期预报；张磊利用公共天气预报对浙江永康水稻日蒸散量进行了预报。

另外，为更加便捷、快速预报实时 ET_c，联合国粮食及农业组织（FAO）研发的 CROPWAT 系统，利用气象数据进行 ET_c 的计算，合理规划利用灌溉用水；张倩基于冬小麦灌溉研发了实时预报系统，利用天气预报，准确进行灌溉预报；Ballesteros 等人开发了 FORET 软件来预报 ET_c；王景雷开发了基于 Web GIS 的区域 ET_c 信息管理系统；符静构建了南方植被生态需水量分析系统，综合运用数据信息，对 ET_c 进行及时分析计算。

目前，针对人工橡胶林等高大乔木蒸散量预报的相关研究并不多见，橡胶树通过发达的根系和大型木质部导管，从土壤中吸收大量的水分以维持生长和生产。橡胶林蒸散量高，对水量需求大，特别是随着西双版纳地区近年来气候异常，季节性干旱频发，橡胶树生长发育受干旱威胁加剧，因此，对橡胶林蒸散量进行预报，对缓解区域水资源亏缺尤为重要。总之，橡胶林蒸散量实时预报为探索有效的生态系统管理与调控措施提供了数据参考和理论依据。

1.4 主要研究内容

本研究主要围绕橡胶林蒸散量时空变异特征和预报展开研究，主要包括以下五个方面的研究内容。

1.4.1　基于波文比及水量平衡法对橡胶林典型站点尺度蒸散量特征及其影响因素进行分析

首先，基于典型站点橡胶林试验样地连续观测气象和能量数据，采用波文比-能量平衡法和水量平衡法对橡胶林生态系统蒸散量进行对比研究，评估橡胶林观测能量数据的有效性，估算橡胶林的蒸散量；并结合橡胶林气象因子动态变化规律，进行多元回归分析，得出各季影响橡胶林蒸散量的主要气象因子。其次，基于水量平衡原理，构建 Hydrus－1D 土壤水分运移模型进行橡胶林蒸散量的研究，结合试验区土壤物理性质、橡胶林根系分布等实测数据，校准模型参数，模拟橡胶林根区土壤水分的动态变化过程，定量分析橡胶林根区土壤水分的变化量和底部交换量等水文分量，探究橡胶林蒸散耗水对区域水量平衡的影响。

1.4.2　西双版纳参考作物蒸散量时空分异特征及其对橡胶林扩张种植的响应

研究者利用西双版纳及周边典型气象站点 47 年（1970—2017 年）中逐日气象资料，采用 P-M 方程计算 ET_0，并结合各站点地理信息，对研究区域 ET_0、各气象因子变化趋势及时空变异特征进行分析，将气象因子对 ET_0 变化的敏感性和贡献率进行量化。另外，利用 Landsat TM/ETM/OLI 遥感影像呈现近 30 年西双版纳橡胶林种植时空分布格局，与对照区域进行对比分析，讨论橡胶林大面积扩张种植对区域 ET_0 变化的影响。

1.4.3　橡胶林蒸散量时空变异特征

研究者从区域尺度分析西双版纳橡胶林蒸散量长时间序列时空变异特征。利用橡胶林典型站点实测气象数据、蒸散量、土壤水分参数推算橡胶作物系数及土壤水分限制系数，采用 K_c-ET_0 法计算西双版纳橡胶林 1970—2017 年的平均作物蒸散量。基于 ArcGIS 平台对橡胶林蒸散量进行空间栅格图层运算，对橡胶林蒸散量逐像元进行空间变异程度和趋势变化分析。通过典型年法对比分析西双版纳橡胶林 ET_c 空间变化格局，分析橡胶林种植区生态缺水量，引入水分盈亏系数，讨论典型年下橡胶林各生长期水分盈亏情况。

1.4.4 西双版纳橡胶林蒸散量预报模型

参考作物蒸散量是林地蒸散量评估的基础，针对 P-M 模型计算 ET_0 所需参数较多且难获取，对基于公共天气预报信息进行 ET_0 预报的三种模型进行对比分析，优选适用于西双版纳橡胶林蒸散量的预报模型。首先评价天气预报中气象因子的预报准确率；其次将研究区站点天气预报信息导入模型中，逐一评价不同模型的预报精度，筛选出预报精度较高且适合研究区的最佳预报模型，讨论分析各模型预报精度及优劣；最后结合样地实测作物系数和土壤水分限制系数，利用 $K_c\text{-}ET_0$ 法对橡胶林蒸散量进行预报，对比橡胶林样地实测 ET_c，分析预报模型的准确度及影响因素。

1.4.5 西双版纳橡胶林蒸散量实时预报系统

研究者以西双版纳橡胶林蒸散量预报模型为基础，研发了橡胶林蒸散量实时预报系统。利用 HTML 5 语言进行开发，使用 Vue 框架以 MVVM 模式进行数据对接，后端采用 Nodejs＋Mysql 进行逻辑处理与网络公共天气预报资源对接。基于 HS 预报模型，利用 TensorFlow 下的 keras 神经网络库，结合西双版纳气象资料，动态修正预报模型参数，并与 ArcGIS 二次开发相结合，对西双版纳参考作物蒸散量、橡胶林蒸散量、土壤含水量、有效降水量、生态缺水量（理论补水量）进行中短期预报，达到快速预报橡胶林蒸散量及生态缺水状况的目的，为橡胶林种植区水资源优化配置提供基础数据。

第2章 研究区概况及资料与方法

2.1 研究区概况

2.1.1 自然地理特征

2.1.1.1 地形

云南省的地形以山地为主,山地面积约占84%,高原、丘陵、河谷约占16%;气候属于亚热带季风气候,年平均气温6~22 ℃,年降水量在1000 mm以上。地形和气候的多样性成就了云南"植物王国"的地位。根据第八次全国森林资源清查结果,云南省森林面积为$2.87×10^8$亩,比第七次全国森林资源清查时净增加$1.447×10^7$亩;森林覆盖率50.03%,比第七次全国森林资源清查时提高2.53个百分点;森林蓄积$1.693×10^9$ m^3,比第七次全国森林资源清查时增加$1.39×10^9$ m^3。

西双版纳傣族自治州是云南省的8个自治州之一,地处云南省西南部边境,面积为$1.9×10^4$ km^2,与泰国、老挝、缅甸等国相邻,边境线全长966 km。西双版纳地处横断山纵谷带、无量山的南部延脉,境内山地面积占比达95%以上,为低纬度山地,除南面地势较为平缓,其余三面均为高原、山地地貌,多丘陵及中低山地,起伏大。其地势最高点在东部勐海县境内(海拔为2429 m),最低点在中部澜沧江与南腊河的会合处(海拔为477 m),有近2000 m的相对高差。

2.1.1.2 气候

西双版纳位于热带季风带、东南亚热带北部边缘,处于大陆性气候和海洋性气候的交汇处,受暖湿季风的控制和影响,气候特点为湿润、高温、静风。西双版纳地区干季（11月—次年4月）、湿季（5—10月下旬）明显，而干季又可分为雾凉季（11月—次年2月）和干热季（次年3—5月）。该地区年均日照时间为1800～2100 h，不小于10 ℃的有效积温为5000～8000 ℃，年均温度为18～22 ℃，年均气温差不大，但日温差较大。西双版纳地区1月最冷，平均温度为16.0 ℃；6月最热，平均温度为25.6 ℃，1月（最冷）和6月（最热）温差为9.9 ℃，但最大日温差超过27 ℃，是年均气温差值的近3倍。该地区具有长夏无冬、秋春相连的特点。

西双版纳年均降雨量为1193.7～2491.5 mm，年均湿度超过80%，湿热气候垂直分布明显。年内降雨分布不均，雨季集中了80%～90%的降雨量，而干季降雨稀少，多浓雾、重露。西双版纳是多雾区，全年雾日超过180余天。雾（露）水有效保持了空气中的水分，是西双版纳重要的气候资源，也是西双版纳干季森林等植被水分的重要补充。

2.1.1.3　水文

西双版纳所有河流均属澜沧江水系支流，整个地区河网稠密、支流交错、水系纵横。澜沧江由西双版纳北部流入，经景洪市后，从勐腊县出境，主河段总长度为187.50 km，河网总长约为$1.22×10^4$ km，密度为0.63 km/km²，总径流面积超过$2×10^4$ km²。西双版纳地区河流总数超2700条，水量补给主要依靠大气降水，具有水量大、水能资源丰富的特点。以补远江和南腊河水系为例，其主干河流长度超过180 km，集水面积远大于4000 km²，是当地居民饮水、农业灌溉、水能发电的重要水量来源。

2.1.1.4　土壤

西双版纳境内土壤呈垂直地带分布，区域特征明显。土壤主要分为6类，以砖红壤、赤红壤为主，红壤次之。受当地气候和植被分布影响，砖红壤带分布于热带雨林、热带季雨林（海拔低于1000 m），红壤带分布于常绿阔叶林（海拔低于1600 m），而山地红壤带基本在海拔为1600 m及以上区域分布，有局部岩性土壤带嵌入。砖红壤是热带北部边缘区典型地带性土壤，质地黏重，表面有胶膜，其母质多以紫色砂岩、泥灰岩为主。土壤基性矿物分解强烈，有盐基和硅酸盐浸出，土壤胶体中氧化物含量超过6%，有机质含量丰富。除澜沧江流域部分河谷雨林为石灰石土壤，西双版纳的大部分土壤呈偏酸性。

2.1.1.5　植被

云南省的树种超过万种，列入国家重点保护野生植物名录的有 146 种：其中国家 I 级保护野生植物 38 种，包括滇南苏铁、巧家五针松、东京龙脑香等；国家 II 级保护野生植物 108 种，包括鹿角蕨、翠柏、黄杉、云南榧树等。竹类、药材、花卉、香料、野生菌的种类均居全国之首。截至 2016 年，云南省建有森林公园 42 个，其中国家级森林公园 27 个、省级森林公园 15 个；建有自然保护区 130 个，其中国家级自然保护区 17 个、省级自然保护区 35 个。

云南省的经济林木保持在 414 万 hm^2 以上，特色经济林作物主要包括：干果类的核桃、板栗、银杏、果梅、云南皂荚、澳洲坚果；香料饮料类的八角、花椒、肉桂、酸木瓜；木本油料类的油茶、油橄榄；工业原料类的橡胶、桉树、棕榈、青刺尖、油桐、白蜡、五倍子、印楝等，以及茶、桑、咖啡、水果等。

20 世纪末，西双版纳以其独特的地理位置、气候条件，以及丰富的物种和较高的植被覆盖率，被列入联合国生物多样性保护圈，并被指定为中国重要热带雨林的自然保护区。虽然西双版纳地区的面积仅为我国国土面积的 1/500，但其植物资源总量达全国植物资源总量的 16%，远超 5000 种。西双版纳有我国最大和最完整的热带雨林区，其面积为 1.17×10^4 km^2。除天然林，橡胶林、茶林等人工经济林已成为其主导人工景观。

西双版纳林地覆盖率超过土地面积的 80%，建有各级自然保护区 10 个（国家级 2 个、自治州级 2 个、自治县级 3 个、保护小区 3 个），面积达 622.8 万亩。

2.1.2　社会经济概况

据统计，西双版纳 2021 年常住人口总数超 130 万人，约 4/5 的人口为少数民族人口。其中，以傣族占主导，汉族、哈尼族、拉祜族、彝族次之。西双版纳有较为丰富的旅游资源。自 20 世纪末期，依托优越的自然气候条件及人文历史景观，西双版纳成为我国最早开始发展民族旅游业的地区之一；至 2021 年，其旅游总收入超 430 亿元。

西双版纳是一个传统的农业种植区，农业人口约占 70%，其社会经济发展结合了山区、边境地区和少数民族地区的特点。2021 年，西双版纳生产总值为

676.15 亿元，农林等产业增加值超 150 亿元。一直以来，水稻和玉米都是西双版纳地区的主要粮食产物，并以橡胶、茶和糖等为主要经济作物。在过去的 30年，西双版纳地区一直受到人口增加的压力、粗放型耕作及橡胶种植园爆发式扩张的影响，面临着轮歇地面积扩大、天然林被大面积砍伐等突出问题。

2.2 资料与方法

2.2.1 橡胶林野外试验站点监测数据资料

2.2.1.1 样地站点概况

西双版纳傣族自治州勐腊县自 2003 年开始大面积种植橡胶，从 7.84×10^4 hm² 增加到 2016 年的 14.9×10^4 hm²，年均增长 8.2%，目前成为西双版纳橡胶林种植面积最大的地区。

试验站点位于勐腊县补蚌村（21°34′10″N，101°35′24″E），选取成龄橡胶林观测样地，海拔为 726 m。橡胶林样地位于补蚌村南部坡地，坡向东南 165°，坡度为22°，坡长约为 300 m。橡胶林为热带季雨林转化而成，林龄平均为 15 年，种植均匀株距为 2～3 m、行距为 4～6 m，环山行规格开垦行面宽为 1.8～2.5 m，林下植被为少量杂草和灌木。试验区橡胶林样地概况如表 2.1 所列。

表 2.1　试验区橡胶林样地概况

经纬度	海拔 /m	坡度 /(°)	地块规格 /(m×m)	平均胸径 /cm	平均树高 /m	树龄 /a	种植密度 /(棵·公顷⁻¹)
试验样地 21°34′10″N，101°35′24″E	726	22	200×200	17±2	11.5±2.3	15	300±50

试验区内全年平均气温为 21.5 ℃，年均降水量为 1599.5 mm，降水分配不均，年均日照时数为 1853.4 h，平均相对湿度为 86%，土壤以砖红壤、红壤为主。

橡胶林试验站实景图如图 2.1 所示。

（a）样地　　　　　　（b）波文比与土壤　　　　（c）土壤水分传感器
　　　　　　　　　　　　　　水分观测系统

图 2.1　橡胶林试验站实景图

2.2.1.2　野外站点监测数据资料

（1）橡胶林样地通量及气象参数测定。

本研究中波文比近地面通量及自动气象站观测系统于 2016 年 1 月 1 日—12 月 31 日安装于橡胶林试验样地。

依据《森林生态系统长期定位观测方法》（LY/T 1952－2011）及相关要求，对橡胶林样地能量通量数据及降水、风速、风向等气象参数进行长期连续观测，具体参数及其安装概况如表 2.2 所列。

表 2.2　WS-BR06 自动气象站系统传感参数及其安装概况

传感器	型号	安装高度 /m	单位	观测频率 /min
数据传感器	CR1000	0.5		30
风速风向传感器	05103L	15.0	m/s	30
热通量板	HFP01	15.0		30
总辐射	长波辐射传感器	14.5	mol/（m² · s）	30
太阳净辐射	CNR4	14.5	W/m²	30
翻斗式雨量计	TE525MM	15.0	mm	30
空气温度传感器		14.5	℃	30
空气湿度传感器	SKH2060	14.5		30
冠层温度传感器		11.0	℃	30

（2）土壤含水量和土层温度测定。

橡胶林土壤水分监测系统于 2016 年 1 月 1 日—12 月 31 日布设在橡胶林样地，距橡胶树根部水平距离为 0.5 m。向下开挖 100 cm 的深沟，将土壤水分传感器 ECH$_2$O 5TE 分层埋设在 0～60 cm 的土层中，共分为 5 层。其中，−10，−20，−30，−40 cm 土层测土壤含水量、电导率；−60 cm 土层测下渗水量，同时在各土层监测土壤温度。在安装前，需对所有的传感器进行精度校正，误差值应低于 2%。土壤水分传感器详细参数见表 2.3。

表 2.3　土壤水分传感器详细参数

传感器	型号	安装高度 /m	单位	观测频率 /min	精度
数据采集器	CR1000	0.5	m	30	
土壤水分传感器		−10，−20		30	±0.012
土壤电导率传感器	ECH$_2$O 5TE	−30，−40	ds/m	30	
土壤温度传感器	ECH$_2$O 5TE	−10，−20，−30，−40，−60	℃	30	±0.3 ℃
土壤水分下渗量	CTD＋Drain Gauge	−60	mm	30	

（3）叶面积指数测定。

橡胶林样地叶面积指数（LAI）的测定方法如下。应用仪器：LAI-2000；观测期：2016 年 1—12 月；在样地中每间隔 5～6 m 随机选取样树，逐月观测样地橡胶林的叶面积指数。

（4）土壤样品采集。

研究者于 2016 年 1—12 月分别在橡胶林样地土壤水分监测点（小于 200 m）范围内，随机选取 20 mm×20 m 的土壤样品采样区，所选采样区的海拔高度、坡向一致。剥除地表覆盖的枯枝落叶层后，在各采样区中心位置挖取土壤剖面，用标准环刀采集 7 个土层土样（0～10，10～20，20～30，30～40，40～70，70～100，100～130 cm）。将其标记封装后，带回云南师范大学云南省高原地表过程与环境变化研究重点实验室，完成田间持水量、土壤含水量等土壤理化性质指标测试。土壤采样全年共计 13 次，每次采样设置样点 3 个，全年共选采样点 39 个（见图 2.2）。土壤含水量每 30 天测定一次，其余指标于 2016 年 1 月集中进行测定。

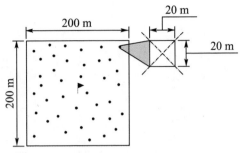

▶表示橡胶林土壤样品采集点
·表示EM50土壤水分观测点

图 2.2 橡胶林土壤采样点示意图

（5）根系样品采集。

研究者于 2016 年 5 月初集中采集橡胶林根系样品，随机选取 6 个采样点，所选采样点的海拔高度、坡向一致。挖取橡胶林土壤根系剖面，每个剖面位于两棵橡胶树之间的种植线中点，横截面为 60 cm×100 cm，每个采样点的垂直采样深度为 130 cm。剖面侧壁修整平滑，去除 3～5 mm 的土壤，将根系暴露。对沿沟槽面 10 cm×10 cm 网格单元内的根进行统计，并记录粗根和细根的特征。采样规格为 10 cm×10 cm×10 cm，详见图 2.3 与图2.4。将同一水平距离、同土层深度的样品统一标记，共计 468 个，封装标记后带回云南师范大学云南省高原地表过程与环境变化研究重点实验室，完成根长密度测试。利用 Epson model V700 根系扫描仪和 WinRhizo 根系图像分析系统测定橡胶细根长度、表面积和体积，并计算各测点橡胶细根根长密度，各指标最终结果均为各采样点试验结果的平均值。

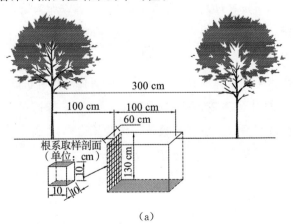

（a）

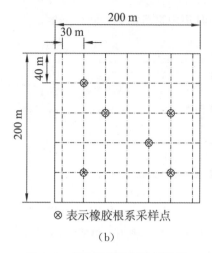

⊗ 表示橡胶根系采样点

（b）

图 2.3　橡胶林根系采样示意图

（a）根系采样剖面　　（b）剖面底部根系分布　　（c）根系样品采集

图 2.4　橡胶林根系野外采样实景图

野外橡胶林样地波文比观测系统监测能量通量包含净辐射量（R_n）、潜热通量（LE）、显热通量（H）、土壤热通量（G）等，作为第 3 章利用波文比-能量平衡法分析站点尺度橡胶林蒸散量变化特征的基础数据；样地自动气象站监测指标包含林外降雨量（P）、气温（T_a）、风速（u_2）、相对湿度（RH）等气象参数，作为第 3 章橡胶林气象因子动态变化规律分析的气象数据及第 5 章实测作物系数的计算参数；叶面积指数（LAI）、橡胶林样地土壤物理性质、含水量数据及根系根长密度等数据，作为第 3 章水量平衡法构建 Hydrus 土壤水分运移模型的基本参数；土壤含水量数据作为第 5 章土壤水分限制系数的计算参数。

2.2.2　橡胶林蒸散量区域尺度分析数据资料收集

2.2.2.1　土地利用数据及数字高程模型（DEM）数据

本书采用 Landsat TM/ETM/OLI 影像作为基础遥感数据 [数据来源于美国地质联邦调查局（USGS）数据平台]，空间分辨率为 30 m，含多个光谱波段。本书采用 Landsat 数据的一级产品，进行几何校正处理后，利用 ENVI 5.5 软件对数据进行预处理，用于第 4 章橡胶林识别和提取的基础数据。

本书采用西双版纳 DEM 数据（数据来自地理空间数据云平台），空间分辨率为 30 m，作为第 3～7 章提取西双版纳及橡胶林种植区的坡度、坡向及高程的辅助数据。

2.2.2.2　气象资料

本书中的气象资料包括以下三种。

（1）西双版纳及周边区域橡胶林种植区勐海、勐腊、景洪、澜沧、江城、思茅 6 个典型气象站点 47 年（1970—2017 年）的逐日气象资料，包括降水量、最高温、最低温、风速等气象参数，作为第 4 章西双版纳气候变化分析数据、P-M 模型计算西双版纳 ET_0 时空变化的输入参数，以及第 5～7 章橡胶林蒸散量计算的基础数据。

（2）西双版纳同气候带对比区域内景东、元江、腾冲等滇西南 10 个典型站点 47 年（1970—2017 年）的逐日气象资料，作为第 4 章橡胶林扩张种植对 ET_0 变化的响应分析中对照区 ET_0 计算的基本参数。

（3）各典型站点逐月 ET_0 均值如图 2.5 所示，作为第 4～5 章西双版纳 ET_0 和橡胶林蒸散量 Kriging 空间差值法的辅助数据。

同气候带对照区域内典型站点 1970—2017 年多年月平均 ET_0 如图 2.5（a）所示。此外，根据空间插值分析、对比研究需要，将东南亚地区典型站点 ET_0 均值成果点绘，如图 2.5（b）所示。

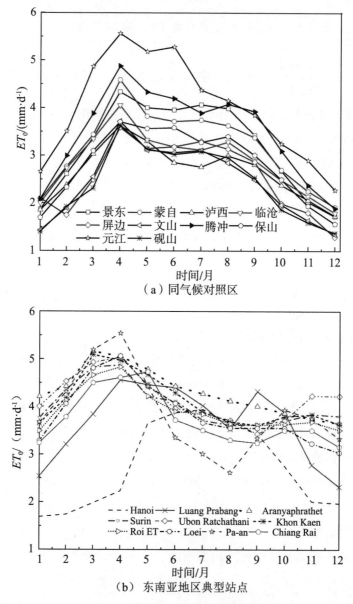

（a）同气候对照区

（b）东南亚地区典型站点

图 2.5　典型站点逐月 ET_0 均值

以上气象资料源于云南省气象局、中国气象数据共享网、Crop Wat 数据库，且对于少量缺失资料进行了线性插补。

2.2.3　橡胶林蒸散量预报数据资料收集

橡胶林蒸散量预报数据包含以下 2 种。

（1）在中国气象局公共气象服务中心网站上，收集西双版纳州勐腊县天气预报信息（2016 年 1 月 1 日—12 月 31 日），收集内容包括最高温度、最低温度、天气类型、风力等级等，预见期为 1～7 d，作为第 7 章 ET_0 预报中 HS 模型、RPM 模型、PMF 模型的输入参数。

（2）在云南省气象局及中国气象数据共享网站上，收集西双版纳境内勐腊、勐海、景洪的逐日气象数据，包括降雨量、最高温度、最低温度、日照时数等气象参数（2000—2017 年），作为第 7 章预报模型的率定和验证、研究区水文气象基本特征的分析和模型适用性评价。

2.3　数理统计方式

本书中研究所运用到的工具和平台如下：运用 Microsoft Excel 2013，MATLAB 2016，SPSS Statistics 20.0 对书中相关研究数据进行统计分析；采用 ArcGIS 10.2，OriginPro 2016，Microsoft Visio 2010 进行空间插值及研究结果绘图分析；利用 HTML 5 技术进行橡胶林蒸散量实时预报系统开发。

第3章 基于波文比及水量平衡的典型站点橡胶林蒸散量变化特征及其影响因素

蒸散量既是橡胶林生态系统水分循环与能量平衡中最重要的因素之一，也是区域水量平衡的关键影响因子。21世纪初，国务院办公厅和农业部相继颁布一系列政策，不断推进天然橡胶产业发展，短短几十年间西双版纳就建成超过$2 \times 10^5 \ hm^2$的橡胶种植园。受天然橡胶价格上涨、人口数量增加和土地改革政策等综合影响，橡胶林大面积代替天然林，逐步向高海拔山地扩张，导致区域水分过度损耗与水源涵养能力降低。当地居民面临罕见的季节性缺水问题，业界关于橡胶林蒸散量变化特征及其相关影响因素的分析也越来越引起大众关注。

本章以试验站点橡胶林为研究对象，基于野外监测数据，利用波文比-能量平衡法对橡胶林生态系统蒸散量进行研究，分析西双版纳橡胶林典型站点通量变化特征，讨论影响橡胶林蒸散量变化的主要因素。同时，通过野外实测资料和室内试验，建立了Hydrus-1D橡胶林土壤水分运移模型，模拟土壤水分动态变化过程，结合水量平衡原理分析橡胶林蒸散过程对土壤水存储量、底部交换量的影响。

3.1 材料与方法

3.1.1 试验样地概况及数据资料

试验样地概况及数据资料详见本书第2章"2.2.1.1 样地站点概况"及"2.2.1.2 野外站点监测数据资料"。

3.1.2　研究方法

3.1.2.1　波文比-能量平衡法

以试验站点橡胶林气象、通量观测数据为基础，补充以研究区调查资料，利用波文比-能量平衡法对该区域橡胶林蒸散量进行分析计算。

根据能量平衡方程：

$$R_n = LE + H + G \tag{3.1}$$

式中，R_n——净辐射量，W/m^2；

$\quad LE$——潜热通量，W/m^2；

$\quad \lambda$——汽化潜热，J/kg，一般取 $2.45\ MJ/kg$；

$\quad ET$——蒸散量，mm/d；

$\quad H$——显热通量，W/m^2；

$\quad G$——土壤热通量，W/m^2。

橡胶林的水汽、热量扩散可表示为

$$LE = -\lambda_\rho K_w \left(\frac{0.622}{p}\right)\frac{\partial e}{\partial z} \tag{3.2}$$

$$H = -\rho c_p K_h \frac{\partial T}{\partial z} \tag{3.3}$$

式（3.2）和式（3.3）中，ρ——空气密度，kg/m^3；

$\quad\quad p$——大气压，kPa；

$\quad\quad c_p$——空气比定压热容，$J/(kg \cdot K)$；

$\quad\quad K_w，K_h$——λET_v 和 H_{vv} 输送的湍流交换系数，m^2/s；

$\quad\quad \dfrac{\partial e}{\partial z}$——水汽压梯度，$kPa/m$；

$\quad\quad \dfrac{\partial T}{\partial z}$——温度梯度，$^\circ C/m$。

假设 $K_w = K_h$，同时引用波文比（β），即 H 与 LE 的比值，得

$$\beta = \frac{H}{LE} = \frac{pc_p K_h}{0.622\lambda K_w} \cdot \frac{\Delta T}{\Delta e} = \gamma\frac{\Delta T}{\Delta e} \tag{3.4}$$

式中，ΔT——两个高度的温度差（上层温度－下层温度），$^\circ C$；

Δe ——两个高度的水汽压差（上层湿度－下层湿度），kPa；

γ ——湿度计系数，kPa/℃。

根据式（3.4），有

$$\gamma = \frac{pc_p}{0.622\lambda} \tag{3.5}$$

则 λLE 与 H 为

$$\lambda ET = \frac{R_n - G}{1 + \beta} \tag{3.6}$$

$$H = \frac{\beta(R_n - G)}{1 + \beta} \tag{3.7}$$

另外，由于野外监测的不可控因素，橡胶林样地气象及通量观测数据存在一定偏差及缺失，因此，需要通过坐标校正、野点剔除、缺测值插补及数据质量分析等方法对气象数据及通量数据进行处理，以减少野外观测的数据误差。

3.1.2.2 水量平衡法——基于 Hydrus 土壤水分运移模拟

水量平衡法即通过分析时段内生态系统中水资源量的收、支和存储量变化关系，间接求得植被蒸散量。

根据水量平衡原理，橡胶林水量平衡方程如下：

$$\Delta W = P + I - \Delta S - ET - R_s - W_{latex} \tag{3.8}$$

式中，P ——降雨量，mm；

I ——灌溉补水量，mm；

ΔS ——土层底部交换量，mm；

R_s ——林下径流，mm；

ET —— t 时刻的蒸散量，mm；

ΔW ——土壤储水变化量，mm；

W_{latex} ——橡胶树乳胶中含水量，mm。

由于试验期间无灌溉补水，因此 I 忽略不计。故式（3.8）可简化为

$$ET = P - \Delta W - R_s - \Delta S - W_{latex} \tag{3.9}$$

$$\Delta S_t = S_{t\downarrow} - S_{t\uparrow} \tag{3.10}$$

$$\Delta W = 10 \times \sum_{t-1}^{n} \int_0^h (\theta_{t-1}(h) - \theta_t(h)) \mathrm{d}h \qquad (3.11)$$

$$\Delta W = W_{t+1} - W_t \qquad (3.12)$$

式(3.10)～式(3.12)中，ΔS_t——土层底部交换量，mm；

$S_{t\downarrow}$，$S_{t\uparrow}$——土层上部向下部的渗漏量、补给量，mm；

ΔW——土壤储水变化量，mm；

θ_t，θ_{t-1}——t 和 $t-1$ 时刻土壤体积含水量，$\mathrm{cm}^3/\mathrm{cm}^3$；

h——土层厚度；

t，$t+1$——连续的时间间隔。

Hydrus-1D 模型参数设置如下：

（1）边界条件。

模型边界条件设置：上边界为大气边界，下边界为自由排水。模拟周期为 2016 年 1 月 1 日—12 月 31 日，共 366 天，分标定期（1～200 d）和校验期（201～366 d）。

（2）土壤物理性质。

详见第 2 章 "2.2.1.2　野外站点监测数据资料"。

（3）气象数据。

利用自动气象观测站获取的橡胶林样地日尺度气象数据，具体气象参数详见第 2 章 "2.2.1　橡胶林野外试验站点监测数据资料"。辐射消光系数（RE）为模型默认的 0.463。

（4）橡胶树根系吸水模型。

为得到橡胶林实测根系密度分布函数，2016 年 5 月采用在研究区挖取土壤剖面法，在试验区内随机对试验区橡胶树根系进行分层采样（具体方法见第 2 章 "2.2.1.2　野外站点监测数据资料"），得到试验区内橡胶林细根垂直分布特征函数。

本研究选取 Hydrus-1D 中 Feddes 根系吸水模型：

$$S(z, t) = \alpha(h, z) S_p(z, t) = \alpha(h, z) \beta(z, t) T_p(t) \qquad (3.13)$$

式（3.13）中，$S(z, t)$——实际根系吸水量，$\mathrm{cm}^3/(\mathrm{cm}^3 \cdot \mathrm{d})$；

$S_p(z, t)$——潜在根系吸水量，$\mathrm{cm}^3/(\mathrm{cm}^3 \cdot \mathrm{d})$；

$T_p(t)$——潜在蒸散量，cm/day；

$\alpha(h，z)$——水分胁迫系数。

$$\alpha(h) = \begin{cases} (h_0 - h)/(h_0 - h_1) & h_1 < h < h_0 \\ 1 & h_2 \leqslant h \leqslant h_1 \\ (h - h_3)/(h_2 - h_3) & h_3 < h < h_2 \\ 0 & h \leqslant h_3 \end{cases} \tag{3.14}$$

式（3.14）中：h_0，h_1，h_2，h_3 为参数；当土壤负压水头 $h \leqslant h_0$ 时，根系开始吸水；当 $h = h_0$ 时，根系吸水速率达到最大；当 $h \geqslant h_2$ 时，根系不再以最大速率吸收水分；当 $h \leqslant h_3$ 时，根系吸水停止。

式（3.14）中 $S(z，t) = \alpha(h，z)\beta(z，t)T_p$ 是根系吸水项，本书 Hydrus 模型根系分布为

$$\int_0^L \beta(z，t)\mathrm{d}z = \sum_{n=1}^m \beta_z \Delta z = 1 \tag{3.15}$$

式（3.15）中，L ——根系深度最大值；

Δz ——测点间距；

β_z ——根系分布函数；

m ——测点数。

本书根据橡胶林根系分布比例，利用 Hydrus - 1D 配比橡胶林各土层的蒸散量，所以利用橡胶林根系实测值拟合分布函数，可更加精确模拟林下各土层的含水率。

（5）模型校正与精度评价。

利用观测土壤水分数据分别对模型进行校准和验证。将实测土壤水分参数输入 Rosetta 传递函数模型，推算初始土壤水分参数并优化。

选取三个指标：纳什效率系数（Nash-Sutcliffe efficiency coefficient，NSE）、均方根误差（root mean squared error，$RMSE$）和 Pearson 相关系数（P）来评价 Hydrus - 1D 的模拟精度，计算公式如下：

$$RMSE = \sqrt{\frac{\sum_{i=1}^N (O_i - P_i)^2}{N}} \tag{3.16}$$

$$NSE = 1 - \frac{\sum\limits_{i=1}^{N}(P_i - O_i)^2}{\sum\limits_{i=1}^{N}(O_i - \overline{O})^2} \qquad (3.17)$$

$$R = \frac{\sum_{i=1}^{N}(O_i - \overline{O})(P_i - \overline{P})}{\sqrt{\sum_{i=0}^{N}(O_i - \overline{O})^2}\sqrt{\sum_{i=0}^{N}(P_i - \overline{P})^2}} \qquad (3.18)$$

式（3.16）～（3.18）中，P_i 和 O_i 分别为模拟值和观测值，$\overline{O}$ 为观测值平均值，N 为观测数据的个数。

3.1.2.3　橡胶林有效降雨量计算

由于橡胶林不同于一般旱作物，其林冠水文效应对大气降水再分配作用复杂。本书依照中国科学院西双版纳热带森林生态学重点实验室对橡胶林的林冠生态对水文效应的相关试验进行研究，选取相应参数进行估算。橡胶林有效降水量涉及树干径流量、穿透雨量及林下径流量。

（1）橡胶林的树干径流量及穿透雨量计算。

根据中国科学院张一平等人对橡胶林林冠对降水再分配的相关研究，西双版纳橡胶林树干径流量、穿透雨量占林外降雨比例如表 3.1 所列。

表 3.1　西双版纳橡胶林树干径流量、穿透雨量占林外降雨比例

林地	季节	树干径流量占比	穿透雨量占比
人工橡胶林	干季	3.20%	35.73%
	雨季	7.33%	73.80%
	全年	6.68%	67.85%

（2）林下径流。

依照中国科学院对橡胶林集水区径流特征的相关研究，利用全年总橡胶林林下径流深（Y）与林外降雨量（X）的回归关系式（$Y = 0.41X - 253.99$），计算全年林下径流深。各季节橡胶林林下径流占全年林下径流深比例如表 3.2 所列。

利用 Hydrus-1D 模拟得到土层土壤水分含量后，根据式（3.13）推算土壤储水量变化量。由于 Hydrus-1D 模型在水分胁迫情况下计算蒸散量的机

理不足，本研究中基于水量平衡 Hydrus - 1D 模型分析橡胶林中的 ET 是通过水量平衡方程［即式（3.9）］来计算的。

表 3.2   各季节橡胶林林下径流占全年林下径流深比例

时期	雾凉季	干热季	雨季前期 （5—6 月）	雨季中期 （7—8 月）	雨季后期 （9—10 月）	全年
占全年林下 径流深比例	4.6%	0.9%	9.8%	63.6%	20.8%	

3.2   基于波文比-能量平衡法的橡胶林蒸散量变化特征分析

3.2.1   橡胶林气象因子动态变化规律

利用试验样地橡胶林自动气象站及相关观测数据，分析林外降雨量（P）、气温（T_a）、饱和水汽压差（VDP）、净辐射量（R_n）、土壤含水量（VWC）、土壤温度（T_{soil}）、叶面积指数（LAI）的变化特征，具体结果如下。

3.2.1.1   林外降雨量

试验区观测期的年降雨量为 1565.6 mm，其中雨季为 1241.6 mm、干热季为 138.3 mm、雾凉季为 185.7 mm。对比 47 年（1970—2017 年）的平均降雨量（1453.8 mm），观测期的年降雨量偏高；对比各季节平均降雨量，观测期的雾凉季降雨量比 47 年的平均雾凉季降雨量高近 90 mm。综上所述，西双版纳全年降雨分布不均，多集中在雨季，约占全年降雨的 85%，干季降雨仅为 15%。试验区降雨量变化规律如图 3.1 所示。

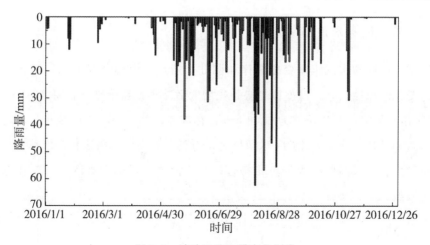

图 3.1　试验区降雨量变化规律

3.2.1.2　气温

　　试验区观测期平均气温为 22.1 ℃，比 1970—2017 年年平均气温高约 0.4 ℃。日最高气温为 35.1 ℃、最低气温为 6 ℃，气温最高值为 3—4 月的干热季，12 月气温最低。这主要是由于西双版纳地区受西南季风影响，干热季后期（3—4 月）晴好天气较多，6 月进入雨季，阴雨日较多，降雨频率高且强度大。相同月份间气温存在不同，但与净辐射量相比，气温差异性较小。试验区气温变化规律如图 3.2 所示。

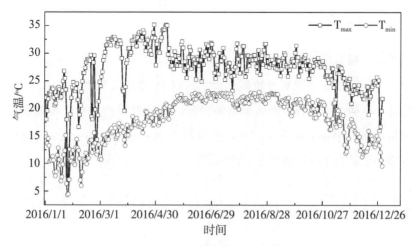

图 3.2　试验区气温变化规律

3.2.1.3 饱和水汽压差

试验区饱和水汽压差变化规律如图 3.3 所示。由图 3.3 可知，饱和水汽压差变化规律性较差，但整体趋势是先增大后减小，在干热季后期（3—4 月）*VPD* 达到最大，月均压差为 1.48 kPa；在雾凉季的 12 月 *VPD* 最小，月均压差为 0.36 kPa。干热季 *VPD* 达到最大，与其气温高、降雨量相对雨季和其他月份较少、空气湿度小等特点相符合。在不同年份，饱和水汽压差变化趋势基本一致。

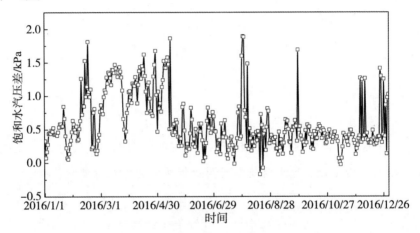

图 3.3 试验区饱和水汽压差变化规律

3.2.1.4 净辐射量

试验区净辐射量每年从 1—2 月开始慢慢增加，4—5 月增至最大，4—5 月的均值为 98.6 W/m²，之后开始逐步减小，到 12 月减至最小，为 49.3 W/m²。与其他地区不同，西双版纳干热季晴朗少云，净辐射量最大；进入雨季后，由于降雨量增加，净辐射量有所减小，至雾凉季达到最小，即分配的能量最少。试验区净辐射量变化规律如图 3.4 所示。

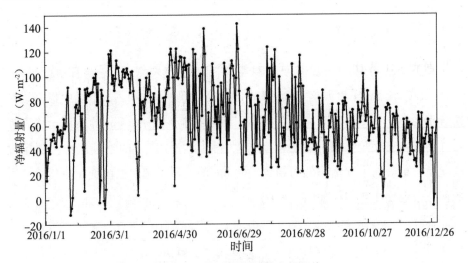

图 3.4　试验区净辐射量变化规律

3.2.1.5　土壤含水量

土壤含水量与降雨量、温度等多种因素相关。雨季时，有强度大且频繁的降雨不断补充土壤水分，地下 10，20，30，40 cm 的土壤含水量都保持较高的值，基本按照土层深度逐次递减，平均含量在 0.22～0.37 cm³/cm³；在干季没有降雨或降雨较少时，水分被橡胶树吸收消耗，土壤含水量下降至最低值。由于不同季节的气温、降雨不同，橡胶林土壤含水量存在差异，干季更加明显。试验区土壤含水量变化规律如图 3.5 所示。

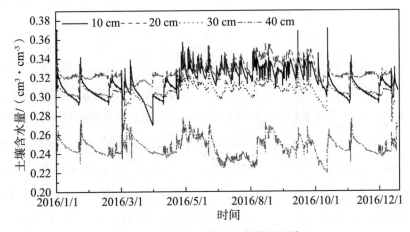

图 3.5　试验区土壤含水量变化规律

3.2.1.6 土壤温度

在整个观测期，1—2月土壤温度最低，为 17.3 ℃；6—9月温度最高，达 25.2 ℃，然后土壤温度逐渐下降。土壤平均温度在 20 cm 土层中最高，其次分别为 40，30，10，60 cm 的土层。橡胶林地下 0～20 cm 的表层土壤温度对外界环境变化较敏感，变化程度较大，而 20 cm 以下的土壤层中土壤温度变化呈自地表向下逐渐降低的趋势，60 cm 的土层土壤对温度变化不敏感。试验区土壤温度变化规律如图 3.6 所示。

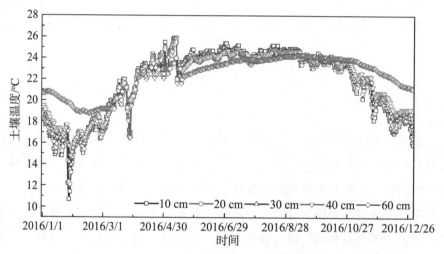

图 3.6 试验区土壤温度变化规律

3.2.1.7 叶面积指数

试验区橡胶林叶面积指数变化规律如图 3.7 所示。橡胶树具有典型的物候特征，一年抽叶蓬 2 次（3—4 月为第一蓬叶芽期，6—9 月第二蓬叶生长期）。橡胶林在 1—2 月橡胶休眠落叶期过渡至第一蓬叶期，叶量快速增长，LAI 均值从最小值（0.75 ± 0.07）m^2/m^2 上升至（2.87 ± 0.11）m^2/m^2，橡胶林第一蓬叶期 LAI 占全年最大值的 67.4%；进入第二蓬叶期，橡胶林光合作用强度大，叶量稳定，LAI 均值为（4.26 ± 0.45）m^2/m^2，达到年度最大值，随后橡胶林 LAI 缓慢减小至休眠落叶期。橡胶林的周期性落叶导致了 LAI 年内波动较大。

在橡胶林试验样地观测到的参数中，林外降雨量与张一平、周文君等人研究的监测规律一致；饱和水汽压差、净辐射量、气温与李志恒观测到的西双版纳气象规律一致，符合西双版纳的气候特点；橡胶林土壤含水量变化规律与 Lin 等人研究的规律一致；橡胶林叶面积指数变化规律与 Lin 等人观测到的规律一致。综上所述，橡胶林试验样地观测所得环境因子符合西双版纳的气候特点及橡胶林物候特征，可用于后期环境因子对橡胶林蒸散影响的研究。

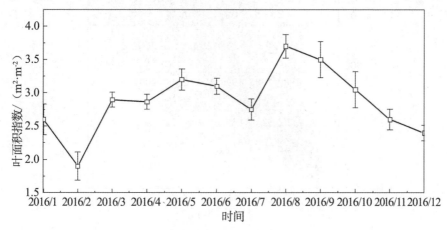

图 3.7　试验区橡胶林叶面积指数变化规律

3.2.2　橡胶林能量闭合特征及分配特征

3.2.2.1　橡胶林能量闭合特征分析

橡胶林蒸散量估算的准确程度直接由波文比观测系统的观测状况决定。本书对试验样地橡胶林生态系统的能量闭合状况进行分析评价，以保证波文比-能量平衡法估算橡胶林蒸散量的准确性。

本书研究橡胶林波文比系统观测的潜热通量和显热通量（$LE + H$）与净辐射量和土壤热通量（$R_n - G$）间的线性回归关系，如图 3.8 所示。整个观测期共有 366 天的可用数据，分析结果表明，所观测的 $LE + H$ 与 $R_n - G$ 的斜率和 R^2 分别为 0.71 和 0.70，结果合理。本研究分别对雾凉季、干热季和雨季进行了能量闭合情况评价，发现橡胶林样地能量的较大不平衡发生在雨季和雾凉季，$LE + H$ 与 $R_n - G$ 的比例仅为 58% 和 65%。这一问题主要原因是在西双版纳的雨季和雾凉季空气湿度大，雾露水会对观测系统造成影响；同时，缺乏对仪器设备的维护也是观测数值异常的原因。

本书利用稳定波文比（$\beta = H/LE$）对能量闭合进行调整，采用波文比闭合方法来调整潜热通量和显热通量。

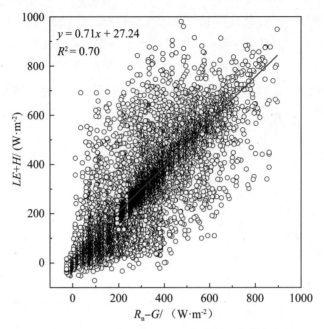

图 3.8　LE ＋ H 与 R_n － G 间线性回归关系

3.2.2.2　橡胶林蒸散日变化

橡胶林各季净辐射量日均变化如图 3.9（a）所示。西双版纳橡胶林 R_n 干季明显高于雨季。白天随着太阳辐射的不断增强，R_n 快速增加，到 13：00 左右增加到最大值。在西双版纳，干热季晴朗干燥时的 R_n 最大，为（522.2±72.4）W/m^2。在森林生态系统中，外界获得的能量主要是净辐射量，它是植被蒸散的热力驱动因子，用于橡胶林蒸散消耗、加热土壤和空气热交换。

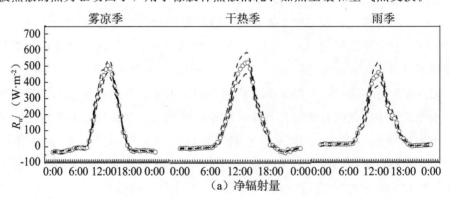

（a）净辐射量

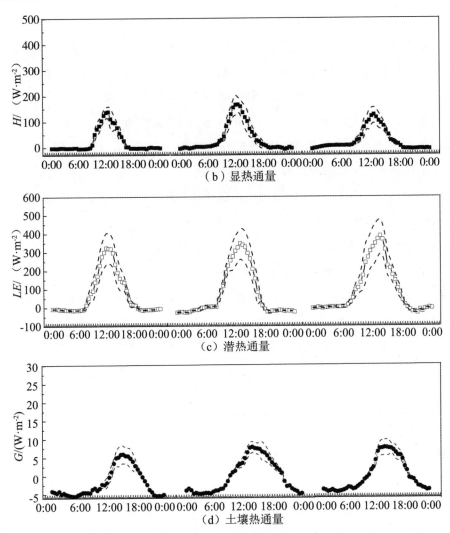

图 3.9　西双版纳橡胶林各季通量日变化趋势

注：虚线为标准差。

H 的变化趋势图 3.9（b）与 R_n 的变化趋势最相近，但滞后于 R_n。LE 与 R_n 的变化几乎同步，导致 LE 变化具有间歇性，使得变化趋势粗糙，基本呈现雨季大于干热季和雾凉季的特点。这说明橡胶林在雨季用于水汽输送的能量远大于干季。在雾凉季，当 R_n 在中午达到最大值后约 1 h，橡胶林蒸散量才达到最大值，为（320.3 ± 80.0）W/m²，如图 3.9（c）所示。VPD 和 T_a 在干热季增加较快，空气蒸发需求也大幅度增加。因为此时晴好天气多，橡胶树开始发芽抽叶，进入快速生长期，并对水分需求增大，LE 上升至

(347.3 ± 80.8) W/m²，如图 3.9（c）所示。

在雨季，土壤含水量很高，试验区橡胶林进入生长中期，很多可利用能量都被分配，用来进行生态系统的蒸散过程。雨季 LE 的日分布规律大致是随着 R_n 和 H 的变化而变化，如图 3.9（a）（c）所示。

雨季 LE 最大值为 (385.5 ± 93.3) W/m²，该值远远高于 H 的最大值，如图 3.9（b）所示。雨季橡胶林 LE，R_n 有较大的变化，即有较大标准差，表明雨季多变的天气状况影响了橡胶林蒸散。

在干热季，VPD，T_a 增加较快，蒸发需求虽然也大幅度增加，但是橡胶林 LE 的最大值却仍低于雨季时的最大值，如图 3.9（c）所示。这主要是由于干季橡胶林降低的 VWC 和升高的 VPD 对橡胶林蒸散产生了一定的限制。

G 受到多种因素影响，受季节变化影响很小，其变化趋势与 R_n 的相似，时间较 R_n 滞后。相比各季，9：00 左右土壤开始吸收热量，G 开始由负值转变为正值，雾凉季稍延迟，而后均为正值；到 19：00—20：00，G 转为负值。在雨季，降水充沛，橡胶林在 G 值的变化幅度小于干季时的变化幅度，相比其他季节，雨季有更多的能量用于蒸散。图 3.10 所示为橡胶林生态系统波文比月均值变化趋势。

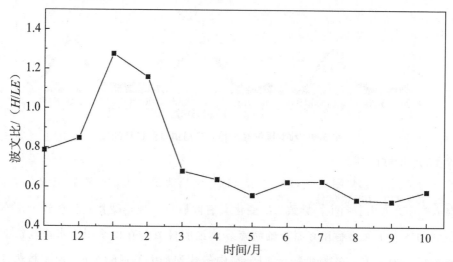

图 3.10　橡胶林生态系统波文比月均值变化趋势

由图 3.10 可以看出，雨季（5—10 月）橡胶林潜热通量较显热通量大，波文比在 0.48～0.63，均小于 1，橡胶林的蒸散大部分来自净辐射量；干季波文比都相对较大，在 0.52～1.38 变化，其平均值仍小于 1，即对于整个干季来说，进入橡胶林的能量仍为蒸散消耗较多。波文比最大值出现在 1—2 月，分别为 1.38 和 1.16，这主要是由于西双版纳 1—2 月为干季，土壤水分 亏缺，且橡胶林在该时段内集中落叶，导致橡胶林和大气之间水汽交换量降低，蒸散量最小。

3.2.2.3　橡胶林蒸散量的季节变化及年总量

利用波文比-能量平衡法对典型站点橡胶林样地蒸散量进行估算，年蒸散量为 1035.91 mm，蒸散强度为 2.83 mm/d，橡胶林蒸散量的变化趋势为雨季最大、干热季次之、雾凉季最小，如图 3.11（a）所示。

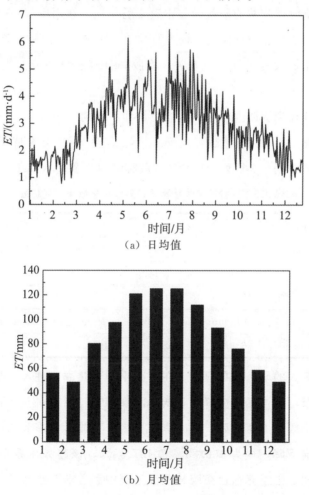

（a）日均值

（b）月均值

图 3.11　橡胶林蒸散量（ET）的日均值及月均值变化趋势

图 3.11（b）所示为橡胶林蒸散量的月均值变化趋势。从 11 月（即雾凉

季前期）至次年的 1 月（即雾凉季中期），橡胶林蒸散量呈现逐渐下降趋势，这主要是由于空气温度在此期间不断下降，橡胶树进入生育后期，蒸散量减小。

气温在 12 月底和次年 2 月初达到最小值，大约为 10 ℃，饱和水汽压差在这个时期也非常低，此时橡胶树进入休眠期，并于雾凉季末期（2 月）开始落叶，其蒸散量处于最低状态。在干热季前期（3 月），一方面，气温和饱和水汽压差进一步增加，导致空气蒸发需求增加；另一方面，这个时期浅层土壤含水量大幅度下降，但橡胶林蒸散量开始上升，这也表明，在干热季，深层土壤含水量对橡胶林的蒸散起着很重要的作用。在雨季（5—10 月），橡胶林潜热通量的值较高，且伴随着较大的波动（即有较大的标准差），这主要与这个时期变化较大的天气状况有关。橡胶林日蒸散量的最大值出现在雨季，超过 6 mm。

经统计，在观测期内，各季蒸散总量如下：雨季为 630.19 mm；雾凉季为 211.67 mm；干热季为 194.05 mm。三者分别占当季降雨量的 51%，114%，140%。表 3.3 所列为试验区橡胶林降雨和蒸散年总量及季节总量。

表 3.3　试验区橡胶林降雨和蒸散年总量及季节总量

观测期	雾凉季（11 月至次年 2 月）			干热季（次年 3—4 月）		
	P/mm	ET/mm	ET/P	P/mm	ET/mm	ET/P
2016 年	185.80	211.67	1.14	138.30	194.05	1.40

观测期	雨季（次年 5—10 月）			全年		
	P/mm	ET/mm	ET/P	P/mm	ET/mm	ET/P
2016 年	1241.60	630.19	0.51	1565.60	1035.91	0.66

刘文杰等人的研究结果显示，在雾凉季和干热季，进入橡胶林生态系统的雾水截留量可以占到对应降雨量的 13.0% 和 2.3% 左右。林冠对雾水的截留量包含在降雨量里面之后，雾凉季和干热季蒸散量的季节总量占对应降雨量的比例明显下降，变为 100.85% 和 137.15%，该趋势在雾凉季更为明显。这一趋势表明，干季雾水在橡胶林蒸散过程中起着非常重要的作用，但西双版纳橡胶林干季 ET 仍然比总降水量（降雨量＋雾水）高。由此可以看出，地下土壤水分的补给是在干季降水不足时橡胶林蒸散水分的另一个重要补充，

土壤含水量在干季出现大幅度的不断下降趋势。

从橡胶林土壤水分变化（图 3.5）中可以看出，橡胶林干季后期对土壤水分的大量消耗是年蒸散量高的原因之一，西双版纳橡胶林一般于 2 月份落叶，之后迅速长叶，至 5 月雨季前期，叶面积指数和蒸散量迅速增加（图 3.7），橡胶林在 4 月平均蒸散量能达到雨季（5—10 月）的 85% 以上。尽管干季土壤水分水平接近最低水平，但橡胶林在干季后期却能保证较高的蒸散量，这意味着橡胶树能够获取深层土壤中的水分储备。

因此，西双版纳橡胶林土壤水分对干季橡胶林蒸散过程起着非常重要的作用，橡胶林生态系统对水分利用的自我调节功能是其能够在降水量少于橡胶原产地的西双版纳生存并良好发育的重要原因。

3.2.3　环境因子对橡胶林蒸散的影响

对西双版纳橡胶林年内各季蒸散量与环境因子进行逐步线性回归，剔除非主要因子，分析影响橡胶林季节蒸散量的关键环境因子，其回归方程为

$$ET = -18.956 + 0.029R_n + 0.082T_a - 0.139VPD +$$
$$15.233VWC + 0.028T_{soil} + 0.086LAI \tag{3.19}$$

式中，ET ——蒸散量，mm/d；

　　R_n ——净辐射量，W/m²；

　　T_{air} ——空气温度，℃；

　　VPD ——饱和水汽压差，kPa；

　　VWC ——土壤含水量，m³/m³；

　　T_{soil} ——土壤温度（地下 20 cm），℃；

　　LAI ——叶面积指数，m²/m²。

计算结果表明：影响西双版纳橡胶林蒸散的主要环境因子为 R_n（$r = 0.70$，$p < 0.01$），其他从大到小依次为 VPD（$r = 0.66$，$p < 0.01$），VWC（$r = 0.62$，$p < 0.01$），T_{air}（$r = 0.55$，$p < 0.01$），LAI（$r = 0.53$，$p < 0.01$），T_{soil}（地下 20 cm，$r = 0.39$，$p < 0.01$）。

根据各因子出现的频率，年内各季影响橡胶林蒸散的主导环境因子为 R_n

和 VPD，其次为 VWC。拟合结果中，雾凉季回归方程 R^2 数值偏低，主要受到橡胶林在雾凉季进入落叶期的影响，蒸散量小，相比其他季节，环境因子的影响大大降低。表 3.4 所列为不同季节 ET 与不同影响因子的逐步回归分析结果。

表 3.4　不同季节 ET 与不同影响因子的逐步回归分析结果

季节	进入因子	决定系数	回归方程
雾凉季	$R_n, VPD,$ VWC, T_{soil}	0.60	$ET=3.769+0.013R_n+0.18VPD-3.15VWC+$ $0.056T_{soil}$
干热季	$R_n, VPD,$ VWC, T_{soil}, LAI	0.64	$ET=-3.428+0.017R_n+0.4VPD+2.477VWC+$ $0.009T_{soil}+0.62LAI$
雨季	$R_n, T_{air},$ VPD, VWC	0.74	$ET=-6.506+0.046R_n+0.231T_a+0.516VPD+$ $0.007VWC$
全年	$R_n, T_{air}, VPD,$ VWC, T_{soil}, LAI	0.78	$ET=-18.956+0.029R_n+0.082T_a-0.139VPD+$ $15.233VWC+0.028T_{soil}+0.086LAI$

3.3　水量平衡法——基于 Hydrus‑1D 模型模拟土壤水分运移对橡胶林蒸散发影响

水量平衡是指生态系统中收入水量与支出水量之间达到动态平衡的状态。收入水量在无灌溉补水的条件下，主要以天然降雨量为主；支出水量则以蒸散量、地表径流量、土壤渗入量为主。

橡胶生长发育对水分需求量大，土壤水分含量是保证橡胶林在西双版纳水热极限条件下生存的关键因素，一般认为在蒸散过程中，橡胶林 $0\sim40$ cm 土壤含水量变化较为剧烈，但随着研究的深入，林地在蒸散过程强烈、受到水分胁迫的情况下，通常会利用其深根吸收较深层土壤的水分，以补充浅层土壤的水分亏缺。

本书通过 Hydrus‑1D 模型模拟西双版纳典型橡胶林试验样地林下土壤水分在饱和—非饱和多孔介质中的运移状况，输出土壤水分、土壤储水量、底部交换量等水文变量，利用水量平衡方程对橡胶林蒸散量进行分析，以揭示橡胶林蒸散发过程土壤水分平衡及各水文变量的动态变化规律。

3.3.1　基于 Hydrus-1D 模型的橡胶林土壤水分运移模拟

3.3.1.1　Hydrus-1D 模型参数

本书通过橡胶林样地实测数据校准 Hydrus-1D 模型中不易获取的土壤和橡胶根系吸水参数。

（1）土壤物理性质。

研究者对试验区橡胶林土壤样品物理性质进行分析，得出以下数据：土壤中砂粒占 31.91%～37.45%，平均为 32.88%；粉粒占 32.27%～39.88%，平均为 36.90%；黏粒占 23.75%～33.82%，平均为 30.10%。试验区橡胶林以粉砂壤土为主，其次为砂壤土和壤土。土壤容重变化在 1.34～1.67 g/cm³，具有明显的分层特征，且随着林地土层深度增加而增加。具体试验区土壤物理性质见表 3.5。

表 3.5　试验区土壤物理性质

采样深度/cm	土壤组成百分比			容重 / (g·cm⁻³)
	砂粒 (Sa)	粉粒 (Si)	黏粒 (Ci)	
表层	37.45%	38.80%	23.75%	1.34
0～10	33.23%	37.52%	30.25%	1.39
10～20	32.14%	39.88%	27.98%	1.43
20～30	32.59%	37.92%	29.49%	1.52
30～40	32.73%	36.62%	30.65%	1.59
40～70	31.05%	35.27%	33.68%	1.61
70～100	31.94%	36.89%	31.17%	1.65
100～130	31.91%	32.27%	33.82%	1.67

（2）橡胶树细根垂直分布特征。

2016 年 5 月，研究者对试验区样地橡胶树根系进行分层采样（具体方法见第 2 章的"2.2.1　橡胶林野外试验站点监测数据资料"部分），得到橡胶林根长分布比例，如表 3.6 所列。

表 3.6　橡胶林样地根长分布比例

土层深度/cm	细根根长/cm	分布比例	累积根系百分比
0～10	51.25	27.56%	27.56%
10～20	44.42	23.89%	51.44%
20～30	34.67	18.64%	70.09%
30～40	25.18	13.54%	83.63%
40～70	11.03	5.93%	89.56%
70～100	8.20	4.41%	93.97%
100～130	11.22	6.03%	100.00%

在 Hydrus-1D 模型中，根系的分布影响土层含水量。根系扫描和根系图像分析系统测定橡胶细根长度、表面积和体积，并计算各测点橡胶细根根长密度，得到橡胶林样地根系垂直分布函数，构建橡胶树根系吸水模型。

橡胶林样地根系分布密度及生长规律如图 3.12 所示。

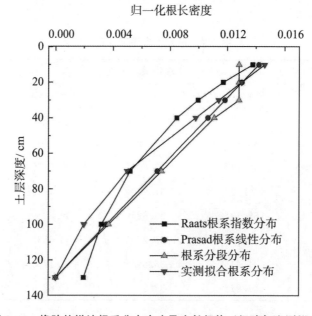

图 3.12　橡胶林样地根系分布密度及生长规律（经验与实测拟合）

①根系指数分布函数。

$$b(z) = -a\mathrm{e}^{-az} \tag{3.20}$$

式中，a——分布经验参数。

根据橡胶林样地根系采用数据，当 $z=0$ 时，则 $b=a=0.0162$。带入式 (3.20)，则

$$b(z) = 0.0162e^{-0.0162z} \tag{3.21}$$

②根系线性密度函数。

$$b(z) = \frac{2}{L}\left(1 - \frac{Z}{L}\right) \tag{3.22}$$

式中，Z——土层深度，cm；

L——细根垂直分布最大深度，cm。

本研究中橡胶林样地采样深度为 130 cm，默认该深度是根系最大垂直分布深度，带入式 (3.22) 中，有

$$b(z) = \frac{1}{65}\left(1 - \frac{Z}{130}\right) \tag{3.23}$$

③分段根系密度分布函数。

$$b(z) = \begin{cases} \dfrac{1.66667}{L} & Z < 0.2L \\ \dfrac{2.0833}{L}\left(1 - \dfrac{Z}{L}\right) & 0.2L \leqslant Z \leqslant L \\ 0 & Z > L \end{cases} \tag{3.24}$$

则分段根系密度分布函数为

$$b(z) = \begin{cases} \dfrac{1.6667}{130} & Z < 30 \\ \dfrac{2.0833}{130}\left(1 - \dfrac{Z}{130}\right) & 30 \leqslant Z \leqslant 130 \\ 0 & Z > 130 \end{cases} \tag{3.25}$$

对表 3.6 中根系实测数据进行拟合，得到橡胶林样地细根累计分布函数：

$$Y(z) = -0.00008Z^2 + 0.0162Z + 0.2156$$

$$R^2 = 0.91 \tag{3.26}$$

对式 (3.26) 求导，得根系密度分布函数：

$$b(z) = -0.00016Z + 0.0162 \tag{3.27}$$

从图 3.12 中可以看出，橡胶林样地在 30 cm 土层以下，根系实测值拟合

与线性分布函数值相似,与指数分布函数、分段函数拟合值相差较大。因此,本书选用线性分布函数构造橡胶根系分布。

（3）模型校正与精度评价。

利用试验期观测土壤水分数据,分别对模型进行校准和验证。表3.7所列为土壤水力学参数（模型优化）。

表 3.7　土壤水力学参数（模型优化）

土层深度/cm	θ_r /(cm^3·cm^{-3})	θ_s /(cm^3·cm^{-3})	α /cm^{-1}	n	K_{sc} /(cm·d^{-1})
0～10	0.0884	0.4759	0.0078	1.5347	9.46
10～20	0.0861	0.4719	0.0074	1.5521	9.35
20～30	0.0875	0.4738	0.0076	1.5416	9.59
30～40	0.0887	0.4760	0.0079	1.5324	9.71
40～70	0.0926	0.4856	0.0088	1.5041	9.20
70～100	0.0896	0.4783	0.0081	1.5266	9.38
100～130	0.0917	0.482	0.0086	1.5057	10.47

由图3.13可知,70～130 cm 较深土壤水分的模拟效果均优于0～40 cm 浅层土壤;0～40 cm 土层 NES 为0.80～0.92,$RMSE$ 为0.03～0.05,R 为0.82～0.94;而70～130 cm 土层 NES 为0.92～0.96,$RMSE$ 为0.03～0.02,R 为0.95～0.97。所以 Hydrus－1D 模型模拟试验站点橡胶林土壤水分运移过程具有良好的精度。

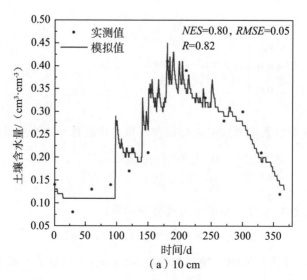

（a）10 cm

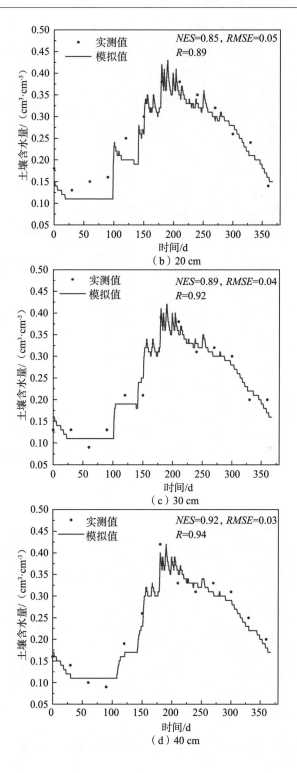

（b）20 cm

（c）30 cm

（d）40 cm

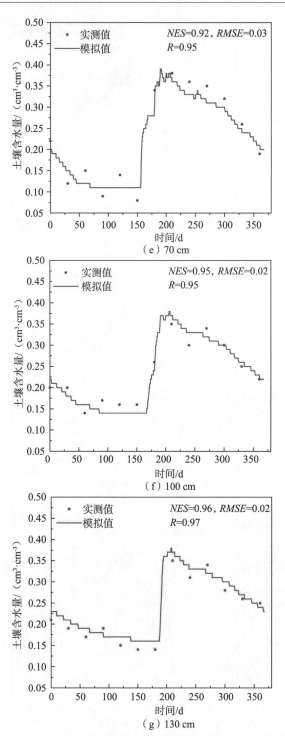

图 3.13 橡胶林各土层土壤水分模拟值和实测值及模拟效果评价

土壤水分受到外界环境的影响程度与土层深度变化成反比。校准后，Hydrus-1D 模型能够较精准地模拟试验区橡胶林土壤水分动态变化。

3.3.1.2　橡胶林土壤水分动态模拟

试验区橡胶林（0～130 cm 剖面）土壤水分动态变化及土壤储水量变化如图 3.14 所示。

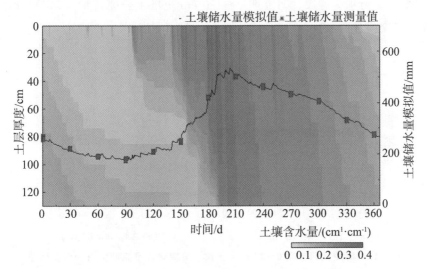

图 3.14　试验区橡胶林土壤水分动态变化及土壤储水量变化图

从图 3.14 可以看出，西双版纳橡胶林土壤水分动态变化（2016 年 1 月 1 日—12 月 31 日）出现了明显的季节分异特征，大致可分为 4 个阶段：从干季开始，土壤储水量逐渐降低，3—4 月为干热季（第 90～120 天），降雨量少，橡胶树发芽抽叶，吸收大量土壤水分，土壤储水量降到最低值（194 mm），0～130 cm 土层含水量在 0.01～0.20 cm³/cm³，整个土层处于干燥缺水状态；随后进入 5—6 月雨季初期（第 150～180 天），由于干季降雨量少，土壤干燥，含水量较低，雨季初期虽然降雨多，但大部分降雨都用来补充表层土壤水分，仅在土壤层 0～80 cm 的土壤含水量有所增加，土层含水量达到 0.20～0.30 cm³/cm³，而 80～130 cm 的土层含水量仍处于较低状态；进入 7 月雨季中后期（第 180～300 天），大量降雨补充土壤水分，土壤储水量迅速上升至当年夏季最大值（504 mm），整个土层土壤含水量均值在 0.20～0.40 cm³/cm³，但由于橡胶树根系吸水开始由利用土壤水和地下水转为利用浅层土壤中的降雨水分，出现了浅层土壤含水量低于较深层土壤的情况；进入 11 月雾凉季（第

300～366 天），由于降水减少、温度降低，橡胶树进入生育后期，生命活动降低，耗水量减少，土壤储水量缓慢降低。

总体上，利用 Hydrus－1D 模型基本能反映橡胶林试验站点土壤水分变化特征。

3.3.1.3 橡胶林土壤水分变化及底部土壤水分交换量（0～130 cm）

图 3.15 所示为橡胶林研究期 0～130 cm 土壤水分变化量（ΔW）及底部土壤水分交换量（ΔS）。

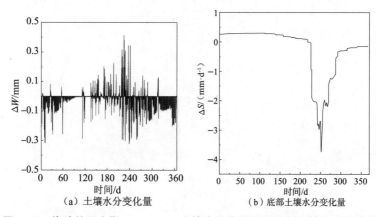

（a）土壤水分变化量　　（b）底部土壤水分变化量

图 3.15　橡胶林研究期 0～130 cm 土壤水分变化量及底部土壤水分交换量

西双版纳地区降雨分配不均，干季降雨仅为全年降雨的 15%，雨季降雨占全年降雨的 85%，导致土壤水分变化幅度较大，橡胶林土壤水分年均变化量为 −69.8 mm。0～130 cm 土壤水分底部交换量为 0.21 mm/d，年均交换量为 78.3 mm。

试验区橡胶林样地土壤水分变化量、底部水分交换量见表 3.8。

表 3.8　试验区橡胶林样地土壤水分变化量、底部水分交换量

季节	月份	5	6	7	8	9	10	合计
雨季	ΔW/mm	−10.6	5.1	11.0	30.8	14.5	−3.3	47.5
	ΔS/mm	3.0	−13.0	−25.8	−40.0	−28.0	−16.2	120

季节	月份	11	12	1	2	3	4	合计
干季	ΔW/mm	5.7	9.0	−19.4	−25.6	−44.0	−43.0	−117.3
	ΔS/mm	−2.8	−5.0	−7.4	−6.3	−10.1	−10.1	−41.7

注：当土壤水分向下层渗漏时，ΔS 为正值。

如表 3.8 所列，雨季以土壤水分下渗为主，底部交换量为 120 mm；干季底层渗漏迅速减少，橡胶林底部交换量出现负值，为-41.7 mm，呈现下层土壤水分向上补给的趋势。该趋势表明橡胶林在干季遭受严重的水分胁迫，为满足生长和蒸散用水，不单消耗了干季几乎全部的大气降水，同时大量吸收利用了土壤所累积的水分，并且向更深的土层（大于 130 cm）吸水。

西双版纳地区虽降水少于橡胶树原产地，但橡胶林中橡胶树能生存并良好地生长发育，这是因为土壤水分对橡胶林蒸散过程起着非常重要的作用。基于 Hydrus-1D 模型建立西双版纳橡胶林土壤水分动态变化模型，弥补了野外土壤水分监测在连续性和尺度方面的不足。综上所述，Hydrus-1D 模型对试验区橡胶林 0～130 cm 土壤水分运移进行模拟，模拟精度较高，能较好地反映研究区橡胶林土壤水分动态变化特征。

3.3.2　橡胶林样地有效降雨量计算

橡胶林样地有效降雨量可根据本书第 3 章的"3.1.2.3　橡胶林有效降雨量计算"中的方法进行计算。

3.3.2.1　橡胶林树干径流量和穿透雨量

在本书研究中，试验期年均林外降水量为 1565.6 mm，根据中国科学院张一平等人对橡胶林林冠水文效应的相关研究进行降雨再分配计算。

3.3.2.2　林下径流量

根据中国科学院对橡胶林集水区径流特征的相关研究，估算全年林下径流深比例，如表 3.9 所列。

表 3.9　试验区橡胶林林下径流量

	雾凉季	干热季	雨季前期	雨季中期	雨季后期	全年
			5—6 月	7—8 月	9—10 月	
占全年林下径流深比例	4.6%	0.9%	9.8%	63.6%	20.8%	

橡胶林有效降雨量为橡胶林穿透雨量和树干径流量之和再扣除林下径流量。

3.3.3　橡胶树乳胶含水量计算

天然乳胶是橡胶树的主要产物，天然乳胶中含有 70% 的水分、30% 的干胶。假定每棵成年橡胶树每年产乳胶 18 kg，每年 4—12 月为开割期，试验区橡胶林种植密度为 30 棵/亩。参考云南省天然橡胶产业集团勐腊地区橡胶厂制胶情况报表及橡胶树产胶耗水量估算表，分析西双版纳勐腊地区全年橡胶树每月产胶比例，对橡胶树在生成乳胶过程中每月吸收利用水量（W_{latex}）进行估算。

3.4　橡胶林蒸散量对比——基于水量平衡法

基于水量平衡法，橡胶林 0～40 cm 土壤蒸散量为 1041.9 mm（包含林冠截流量），Hydrus-1D 模型模拟橡胶林 0～130 cm $ET_{WB,0～130}$ 为 1166.1 mm（包含林冠截流量），实测值低于模拟值 10.7%，表明橡胶林蒸散过程中对土壤水分的吸收利用远大于 0～40 cm 土壤。当受到水分胁迫时，橡胶林趋向于吸收更深层土壤的水分，可能导致所监测的 0～40 cm 土壤含水量变化无法准确体现橡胶林对土壤水分吸收利用的特点，大于 40 cm 深度的土壤水分对橡胶林蒸散量的影响需全面考虑。

土壤水分是橡胶林蒸散的关键水源，土壤水分吸收利用状态在很大程度上决定了橡胶林在特定气候条件下的蒸散量。因此，多维度分析研究土壤水文过程是进一步探讨橡胶林蒸散过程中水量平衡的关键。

3.5　水量平衡法与波文比-能量平衡法估算橡胶林蒸散量对比

将水量平衡法推求的逐月蒸散量（ET_{WB}）与波文比-能量平衡法估算的蒸散量（ET_{BREB}）逐月值进行对比分析，如图 3.16 所示。

根据本章 3.4 节的对比分析结果，认为基于水量平衡法估算橡胶林 ET 时应考虑 0～130 cm 土壤水量变化，并与波文比所测 ET_{BREB} 进行对比，可以看出 ET_{BREB} 和 ET_{WB} 月累积蒸散量干季差值较大，主要原因如下。

首先，西双版纳年均降雨量为 1500～1600 mm，但分配不均，干季雨量仅占全年的 15% 左右。干季 ET_{WB} 观测结果比 ET_{BREB} 低，是因为在干季橡胶林蒸散消耗的水分大部分来自土壤水量。一般情况下，橡胶林表层和中层土壤水分基本可以满足其生存及生长，但由于浅层土壤水量受蒸散影响较大，尤其在干季蒸散作用强，橡胶树无法从浅层土壤中获取足够的水分，因此，橡胶树只能利用深根系和大型木质部导管吸收较深层土壤水，以满足在土壤水分胁迫下生长蒸散的水量。其次，本试验区干季雾水（fog interception）一直被认为是极其重要的水文输入项，特别在干季，雾水在一定程度上弥补了冬春干旱时的雨水不足，但本书 3.2.2.3 节在橡胶林蒸散量的季节变化中，根据刘文杰等人的相关研究，将雾水作为水量输入项进行分析考虑，其对橡胶林蒸散量有一定的影响，但影响程度并不大。

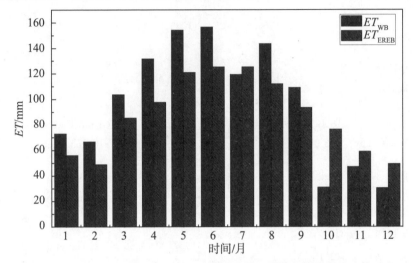

图 3.16　基于水量平衡法与波文比−能量平衡法橡胶林蒸散量月均值对比

因此，认为造成 ET_{BREB} 和 ET_{WB} 月累积蒸散量干季差值较大的主要原因是橡胶林蒸散过程中对深层土壤水分的吸收利用。

3.6　讨　论

本研究中橡胶林各季能量分配如下：$R_n > LE > H > G$。日变化趋势大体相似，与张晓娟等人研究海南橡胶林能量通量变化趋势一致，与李志恒研究西双版纳热带季雨林能量变化趋势类似。但由于季节的不同，各通量变化上体现出较大的分异特征。西双版纳雨季炎热潮湿，橡胶林生长发育处于旺盛期，能量大多用于蒸散；而干季低温少雨，橡胶林平均 LE 消耗量减小，用于蒸散的能量相对降低，干季显热输送和潜热蒸散消耗的能量差很小。

橡胶林蒸散量高。东南亚地区橡胶林蒸散量与天然林蒸散量研究成果对比如表 3.10 所列。本研究试验站点橡胶林波文比监测蒸散量年值为 1035.91 mm，日均蒸散强度为 2.83 mm，橡胶林雨季 ET 最大值超过

6.00 mm/d。该试验区与东南亚其他研究区域对比存在不同，主要是受到降雨量、橡胶林林龄等因素影响。

表 3.10 东南亚地区橡胶林蒸散量与天然林蒸散量研究成果对比

树种	试验区	地理位置	年均降雨量/mm	年均净辐射量/(W·m^{-2})	蒸散量/mm	ET/P	文献
橡胶林	中国西双版纳	21°34 10″N 101°35 24″E	1565.6	125.1	1035.91	0.66	本研究
	中国西双版纳	21°55′39″, 101°15′55″	1504.0	123.3	1125.00	0.75	Tan et al. ,2011
	泰国 Som Sanuk	18°12′N, 103°25′E	2145.0	129.5	1211.00	0.56	Giambelluca et al. ,2016; Kumagai et al. ,2015
	缅甸 CRRI	11°57′N, 105°34′E	1439.0	151.0	1459.00	1.01	Giambellucaet al. ,2016; Kumagaiet al. ,2015
天然林热带季雨林	中国西双版纳	21°55′39″, 101°15′55″	1534.0	119.2	927.00	0.60	Tan et al. ,2011
	缅甸 Kampong Thom	12°44′N, 105°28′E	1600.0	161.3	1140.00	0.71	Nobuhiro et al. ,2007
	泰国清迈	19.55N, 99.5E	1573.0	115.7	812.00	0.52	Tanaka et al. ,2008; Igarashi et al. ,2015
	泰国 Kog—Ma	18.48N, 98.54E	1768.0		812.00	0.46	Tanaka et al. ,2008

与天然林（热带季雨林）对比，本研究中橡胶蒸散量比 Tan et al.，（2011）研究中国西双版纳天然林（927.00 mm）蒸散量高 10.51%；同样，Nobuhiro et al.，（2007）研究中柬埔寨橡胶林的蒸散量也比常绿森林的蒸散量高 28%。这表明橡胶林蒸散量一般高于天然林蒸散量。

综上，本研究利用波文比-能量平衡法对典型站点橡胶林蒸散量进行了较为准确的估算，并全面分析了在各季节影响该橡胶林蒸散量的主要环境因子，为后续橡胶林蒸散量时空变化及其预报研究提供了重要的数据支持。

同时，本书基于 Hydrus－1D 模型建立了西双版纳橡胶林土壤水分动态变化模型，弥补了野外土壤水分监测在连续性和尺度方面的不足。通过试验区实测数据校正模型参数，特别针对试验区典型橡胶林样地中橡胶树根系进行采样，构建橡胶树根系吸水模型，利用线性根系函数描述其根系分布特征，研究结果与李陆生研究根系模型的结果一致。相关研究结果表明，Hydrus－1D 模型在模拟水分进入土壤的运动过程中具有较好的精度，且非饱和区土壤水流的垂直运动明显大于横向运动。

在西双版纳地区，土壤水分对橡胶林蒸散过程起着非常重要的作用，因此，在降水少于原产地的情况下，橡胶树能生存并良好发育。基于 Hydrus－1D 模型对试验区 0～130 cm 土壤水分运移进行模拟，模拟精度较好，$NES =0.23～0.90$，$RMSE = 0.02～0.05$，$R^2 = 0.59～0.89$，说明通过构建 Hydrus－1D 模型，能较好地模拟试验区橡胶林土壤水分运移变化。外界环境对土壤水分的干扰随土层深度的增加而减小，模拟精度显著提高，这与 Liu 等人的研究结果一致。

利用水量平衡原理，基于 Hydrus－1D 模型拟合橡胶林蒸散量为 949.76 mm，比波文比实测值（1035.91 mm）低 8.32%。在干季，由于月累积蒸散量差值较大，引起两种方法估算的橡胶林蒸散量不同，其主要原因是橡胶林蒸散过程中对大于 130 cm 的深层土壤水分的吸收利用。Gonkhamdee 等人发现在 Baan Sila 橡胶种植园深层土壤中有细根（300 cm 以下）只在干季活跃。Guardiola-Claramonte 等人的研究结果表明，在西双版纳地区，随着表层土壤的干燥，橡胶林对土壤深层水分利用量增加。Giambelluca 等人的研究结果也表明，到干季结束时，橡胶林从土壤中提取的水中有一半以上来自深层土壤，深根系特性是类似橡胶树等外来速生树种的典型特征。橡胶根系能够对变化的土壤水分分布格局做出响应，在表层土壤干燥时继续从土壤深处获取水分，从而在干季后期保持较高的蒸散速率。Liu 等人利用同位素示踪研究橡胶林代替天然林种植后，显著改变了区域产流过程，橡胶林在干季利用深层土壤水分以维持生理活动，可能引起河流流量减少，导致整个集水区更加干燥。

总体而言，橡胶林年总蒸散量高的主要原因，除了其在整个雨季仍利用大量水分进行强烈蒸散，还因为橡胶林集中落叶后，在干季后期迅速长叶并达到较高叶面积指数，蒸散能力恢复迅速，以及橡胶林对深层土壤水分吸收利用在干季后期，虽然受土壤水分限制和冠层气孔导度的影响，但橡胶林通过发达的根系利用深层土壤水储备来维持较高蒸散量。因此，在一定程度上，橡胶林在干季对土壤水分的大量吸收利用影响或加剧了西双版纳季节性干旱，造成了区域水资源的短缺。

3.7 本章小结

本章从站点尺度利用波文比观测系统对西双版纳典型橡胶林试验样地进行能量通量的观测，采用波文比-能量平衡法估算了橡胶林蒸散量的大小、季节变化规律及其环境影响因子；构建了 Hydrus-1D 橡胶林土壤水分运移模型，基于水量平衡法探讨了橡胶林蒸散过程对土壤水分的消耗。主要研究结果如下。

（1）橡胶林不同季节净辐射量、潜热通量、显热通量和土壤热通量日变化特征大体相似，而各季又呈现出明显的季节分异特征。其最大值出现在 5 月，最小值出现在 1—2 月。在雨季，水量充足，橡胶林生态系统蒸散量的日分布格局大致上是随着净辐射量和显热通量的变化而变化的，而干热季蒸散量的变化受土壤含水量的影响。

（2）通过波文比-能量平衡法估算西双版纳试验区橡胶林年蒸散量为 1035.91 mm，日均蒸散强度为 2.83 mm，高于西双版纳热带季雨林。经相关性分析得出，影响橡胶林蒸散的主导环境因子为 R_n，VPD，VWC。各季蒸散总量分别为当季降雨量的 51%，114%，140%。雨季橡胶林的蒸散总量低于该季总降水量，干季则相反。干季蒸散水量主要依赖于林下土壤水分，因此，林下土壤水分含量在干季橡胶林生态系统蒸散过程中起着关键作用。

（3）基于 Hydrus-1D 模型模拟橡胶林 0～130 cm 土壤水分动态变化过程，通过野外和室内实测土壤、根系数据校准了模型中难以获取的橡胶林林下土壤和橡胶树根系吸水参数，较好地模拟了试验区橡胶林土壤水分的动态运移过程。橡胶林土壤水分年变化量为－69.85 mm。0～130 cm 土壤水分底部交换量为－0.21 mm/d，年均变化量为－78.29 mm。基于水量平衡原理，利用 Hydrus－1D 模型模拟橡胶林蒸散量为 949.79 mm，而利用 ECH$_2$O 5TE 传感器监测 0～40 cm 土壤水分得出的橡胶林蒸散量比 Hydrus－1D 模型模拟值低10.91%，表明在橡胶林蒸散过程中，对林下 0～40 cm 土壤水分变化量的监测在一定程度上无法准确体现橡胶林对土壤水分吸收利用的特点。

（4）在整体上，基于 Hydrus－1D 模型模拟水量平衡法对橡胶林蒸散量的拟合结果比波文比-能量平衡法估算值低 8.31%。在干季，Hydrus－1D 模型模拟橡胶林蒸散量拟合值低于波文比-能量平衡法估算值；雨季则相反。因此，深层的土壤水分补充是橡胶林蒸散量估算中需要综合分析讨论的因素。

第4章 西双版纳参考作物蒸散量时空变异特征及其对橡胶林种植的响应

ET_0是水量（能量）平衡不可或缺的组成成分，会影响作物蒸散量，在气候环境变化及农业生产中发挥着关键作用。FAO 推荐应用 ET_0 计算模型——P-M 公式计算精度和通用性的方法是全球公认的。

自 1950 年橡胶林在我国成功种植以来，西双版纳以其适宜的气候和水热条件成为我国重要的橡胶种植区。20 世纪 90 年代初，受价格驱动，西双版纳橡胶种植面积迅猛扩大并向高海拔山地扩张，导致当地土地利用/覆被发生剧烈变化，天然林面积剧减并趋于破碎化，引起区域气象要素改变，从而引起 ET_0 变化，影响或改变了区域水循环。目前，针对云南地区 ET_0 时空变化多集中于趋势研究，气象因素对 ET_0 的敏感性系数和贡献进行定量分析，分离气候变化和土地利用/覆被变化（橡胶种植扩张）对区域 ET_0 影响的研究较少。

首先，本章将 Landsat TM/ETM/OLI 影像作为基础遥感数据，识别提取 1990—2017 年橡胶林种植信息，分析橡胶林种植时空扩张格局；其次，结合研究区域及周边各气象站点 1970—2017 年逐日气象观测资料，借助 P-M 公式计算各站点 ET_0，经 GIS 空间插值法分析得到西双版纳 ET_0 的时空分布，并采用敏感性和贡献率确定影响西双版纳 ET_0 的主要气象因子；最后，与对照区对比，定量分离气候变化和橡胶林扩张种植对区域 ET_0 变化量的影响。

4.1 数据与资料

数据与资料详见本书第 2 章的"2.2.2.1 土地利用数据及地理高程（DEM）数据""2.2.2.2 气象资料"。

4.2　研究方法

4.2.1　西双版纳橡胶林识别与分析

利用第 2 章中的土地利用数据，构建橡胶林的多时相 Landsat 时间序列 NDVI 变化光谱库，结合西双版纳地形及橡胶林物候特征，利用橡胶林的典型时间窗口（2—3 月）进行橡胶林的识别提取。本书选取了 1990 年 2 月 22 日、2000 年 2 月 25 日、2010 年 2 月 22 日和 2017 年 2 月 27 日的遥感数据。

根据刘陈立等人的研究，橡胶林的识别、提取可用面向对象分类法分层进行提取。本书分别提取了 1990，2000，2010，2017 年西双版纳橡胶林的信息，并获取相应年份的橡胶林空间分布信息。橡胶林识别和提取方案如图 4.1 所示。

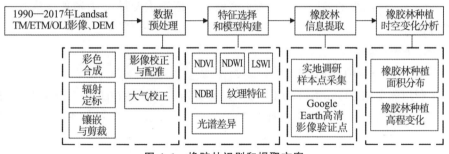

图 4.1　橡胶林识别和提取方案

通过试验，确定了西双版纳地区的最优分割尺度为 100、形状指数为 0.60、紧密度指数为 0.90。借助实地调研与 Google Earth 高清影像的目视解译采集样本点，并借助 ENVI 5.5 及 ArcGIS 10.2 软件建立混淆矩阵，对橡胶林分类的准确性进行评价。利用 ArcGIS 10.2 平台，结合西双版纳 DEM 中橡胶林种植区的海拔、坡度等地形特征进行叠加分析、空间统计，最终获取橡胶林空间分布信息及 1990—2017 年的西双版纳橡胶林时空扩展变化情况。

4.2.2　参考作物蒸散量的计算

本章采用 P-M 模型对西双版纳 ET_0 进行计算，其计算公式如下：

$$ET_0 = \frac{0.408\Delta(R_n - G) + \gamma \dfrac{900}{T + 273} u_2 (e_s - e_a)}{\Delta + \gamma(1 + 0.34u_2)} \tag{4.1}$$

式中，ET_0——区域参考作物蒸散量，mm/d；

$\quad G$ ——试验区土壤热通量，$MJ/（m^2 \cdot d）$；

$\quad R_n$ ——冠层表面净辐射量，$MJ/（m^2 \cdot d）$；

$\quad u_2$ ——2 m 处平均风速（可由 10 m 处风速折算），m/s；

$\quad T$ ——平均气温，℃；

$\quad e_a$ ——实际水汽压，kPa；

$\quad e_s$ ——饱和水汽压，kPa；

$\quad \gamma$ ——湿度计常数，kPa/℃；

$\quad \triangle$ ——饱和水汽压-温度斜率，kPa/℃。

4.2.3 趋势分析

本书采用线性回归模型估计时间序列变化的趋势，拟合方程为

$$y = at + b \tag{4.2}$$

式中，y ——ET_0（或季节）和其他气候因素相应的值；

$\quad a$——趋势的倾向率，a 为正（或负）值表示变量 y 为增加（或减少）趋势；

$\quad b$——截距；

$\quad t$ ——时间序列，年。

利用非参数 Mann-Kendall（M-K）趋势检验法来评估 ET_0 变化趋势的显著性。该方法已被广泛应用。针对 $X = x_1, x_2, x_3, \cdots, x_n$ 已知序列，表达式为

$$S_k = \sum_{i=1}^{k} r_i \, (k = 2, 3, \cdots, n) \tag{4.3}$$

式（4.3）中，r_i 可表示为

$$r_i = \begin{cases} 1 & if \quad x_j > x_i \\ 0 & if \quad x_j \leqslant x_i \end{cases} \quad (j = 1, 2, \cdots, i) \tag{4.4}$$

S 的均值 $E（S_k）$ 和方差 $Var（S_k）$ 表示为

$$E（S_k） = \frac{n（n-1）}{4} \tag{4.5}$$

$$Var（S_k） = \frac{n（n-1）（2n+5）}{72} \tag{4.6}$$

将正时间序列统计量 UF_k 定义为

$$UF_k = \frac{S_k - E（S_k）}{\sqrt{Var（S_k）}} \tag{4.7}$$

将正反时间序列曲线 $UB_k = -UF_k (k = n, n-1, \ldots, 1)$ 在 $\alpha = 0.05$ 置信区间内的交点定义为突变点。

4.2.4　气象要素的敏感性、贡献率分析

气象要素（V_i）的变化对 ET_0 产生影响，可用敏感度系数来量化分析，即

$$S_{Vi} = \lim \left(\frac{\Delta ET_0 / ET_0}{\Delta V_i / V_i} \right) = \frac{\partial ET_0}{\partial V_i} \cdot \frac{V_i}{ET_0} \tag{4.8}$$

式中，S_{Vi}——敏感度系数；

　　　V_i——某气象要素。

$\pm S_{Vi}$ 表示随着 V_i 值的增长，ET_0 增加（或减少）；$|S_{Vi}|$ 表示 V_i 对 ET_0 变化的敏感程度。

V_i 对 ET_0 变化的贡献的公式如下：

$$Con_{Vi} = S_{Vi} RC_{Vi} \tag{4.9}$$

式中，Con_{Vi}——V_i 对 ET_0 变化的贡献；

　　　RC_{Vi}——V_i 的多年相对变化。

其中，若 V_i 引起 ET_0 增加，则为正贡献；反之，则为负贡献。

$$RC_{Vi} = \frac{nTrend}{|av|} \times 100\% \tag{4.10}$$

式中，av——V_i 多年平均值；

　　　n——时间序列，年；

　$Trend$——V_i 逐年变化率，可由趋势分析法求出。

由 P-M 公式可知，主要气象要素对 ET_0 变化的总贡献可由式（4.11）求出：

$$Con_{ET_0} = Con_{TA} + Con_{RH} + Con_{SD} + Con_{u_2} \tag{4.11}$$

式中，Con_{TA}，Con_{u_2}，Con_{RH}，Con_{SD}——各气象要素对 ET_0 变化的贡献，分别为气温、风速、相对湿度和太阳辐射；

　　　Con_{ET_0}——气象要素对 ET_0 的总贡献。

4.2.5　橡胶林扩张种植对 ET_0 变化的响应分析

本书提出分析气候和土地利用/覆被变化对 ET_0 影响的假设，定量分离橡胶林种植面积扩张对区域 ET_0 的影响。即假设气候和土地利用/覆被类型在某

段时间内都固定不变，则该地区内的 ET_0 在这段时间内是不产生变化的。若该地区的气候特点基本相同，那么无论土地利用/覆被类型如何变化，气候变化对该地区 ET_0 的影响应该是相同的。因此，选取滇西南与西双版纳热带季风气候区的同气候区，且未受橡胶林扩张种植影响地区的气象站点作为仅受气候变化影响的对比区域，与西双版纳作为受气候变化和橡胶林扩张种植共同影响的站点进行对比，分析受橡胶林扩张种植影响下多年平均参考作物蒸散量变化量。其计算公式如下：

$$\Delta ET_0 = \Delta ET_{0climate} + \Delta ET_{0rubber} \tag{4.12}$$

式中，$\Delta ET_{0climate}$，$\Delta ET_{0rubber}$——单位面积受气候变化和受橡胶林扩张种植影响的 ET_0 的变化量；

ΔET_0——单位面积内 ET_0 变化量。

4.3 西双版纳橡胶林种植时空变化趋势

1990—2017 年，橡胶种植面积增长率呈先上升后下降的趋势，种植区逐渐向高海拔地区扩展。西双版纳橡胶种植面积年平均增加 12.768 hm^2，最大的面积增长发生在 2005—2010 年。目前，西双版纳土地种植面积的 55.3% 用于种植橡胶。1990—2017 年西双版纳橡胶林种植面积和海拔分布图如图 4.2 所示。

西双版纳橡胶种植园的年增长速率从 1990—2000 年的 9019 hm^2 增加到 2000—2010 年的 1.4973×10^4 hm^2。2011 年以后，橡胶林增长速率减缓。这一方面是受到国际橡胶市场价格的影响；另一方面随着生态保护意识的增强，西双版纳政府对橡胶种植实施了限制。景洪市和勐腊县的橡胶种植面积之和占西双版纳橡胶种植面积的 90% 以上，是西双版纳橡胶种植和种植扩大的主要地区。这主要是由于该区域地势较平坦，水热条件良好，为橡胶树种植提供了有利条件。另外，该区域有较长的植胶历史。在 20 世纪 50 年代，景洪和勐腊地区的八个国营农场就已经开始种植橡胶。

在西双版纳地区，尽管橡胶种植园面积在不同海拔区域都迅速扩大，但在高海拔地区的扩张速度更快。1990—2000 年，橡胶种植扩张最快的地区主要在海拔 900 m 以下区域，新建橡胶种植园占 87.43%；而 2000—2017 年，新建橡胶种植园 40.80％转移到海拔 900 m 以上区域。2000－2015 年，新建橡胶种植园 40.80％转移到海拔 900 m 以上区域，如图 4.2 所示。

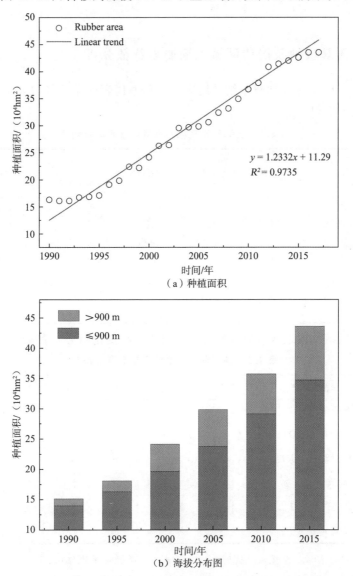

（a）种植面积

（b）海拔分布图

图 4.2　1990－2017 年西双版纳橡胶林种植面积和海拔分布图

4.4　西双版纳参考作物蒸散量时间变化

4.4.1　西双版纳及周边区域气象要素特征分析

1970—2017 年，西双版纳及周边区域典型代表气象站气象要素多年平均值如表 4.1 所列。

表 4.1　典型代表气象站气象要素多年平均值

气象站	$T_{max}/℃$	$T_{min}/℃$	RH	SD/h	u_2 /（m·s^{-1}）	P/mm
勐海	29.4	18.1	78.3%	2192.7	0.8	1316.9
景洪	29.8	18.2	78.9%	2200.1	0.7	1534.1
勐腊	29.0	17.7	83.0%	1995.5	0.8	1489.7
江城	25.1	14.9	83.1%	1849.2	1.0	2191.2
普洱	25.2	14.5	77.9%	2102.0	1.0	1483.2
澜沧	27.5	14.8	77.1%	2172.0	0.9	1590.1
均值	27.7	16.4	79.7%	2068.6	0.8	1600.9

西双版纳及周边区域各气象站气象要素年际变化趋势如表 4.2 所列。

表 4.2　各气象站气象要素年际变化趋势

气象要素	勐海	勐腊	景洪	江城	普洱	澜沧
年降雨量（P）	↓*	↑	↓*	↓*	↓	↓**
年日照时数（SD）	↑**	↑**	↑**	↓	↑**	↑**
年平均相对湿度（RH）	↓**	↓*	↓**	↓**	↓**	↓**
年平均风速（u_2）	↑	↑**	↑**	↑	↑*	↑
年平均最高气温（T_{max}）	↑*	↑*	↑	↑*	↑*	↑*
年平均最低气温（T_{min}）	↑*	↑*	↑**	↑	↑*	↑*

注：＊＊表示显著性水平达到 0.01；＊表示显著性水平达到 0.05。

根据表 4.1 和表 4.2，除年降雨量在勐腊出现不显著上升，其余站点的年降雨量均呈下降趋势，澜沧下降显著。年日照时数除江城呈不显著下降，其余各站点均呈显著上升趋势；各站点年平均相对湿度均呈显著下降趋势；各站点年平均风速均呈上升趋势，其中勐腊、景洪上升趋势显著；而各站点的年平均最高气温、年平均最低气温也均呈升高趋势。

4.4.2　ET_0 年际变化

对 1970—2017 年各气象站点 ET_0 进行统计分析，得出表 4.3 所列相关数据。

表 4.3　西双版纳地区各站点 ET_0 年际变化分析

ET_0	勐海	勐腊	景洪	江城	普洱	澜沧
最大值/mm	1220.78	1218.35	1129.76	1313.26	1206.69	1341.99
最小值/mm	985.24	1026.99	935.92	1078.44	972.04	1113.71
平均值/mm	1109.37	1119.89	1023.83	1185.56	1082.04	1212.64
极值差/mm	235.54	191.36	193.84	234.82	234.65	228.29
极值比	1.24	1.19	1.21	1.22	1.24	1.20
回归方程	$y=1.7526x+1066.4$	$y=2.2926x+1063.7$	$y=0.9903x+999.57$	$y=2.6035x+1121.8$	$y=2.593x+1018.5$	$y=2.4963x+1151.5$
相关系数	0.19	0.51	0.10	0.44	0.43	0.42
Kendall 趋势检验	↑ *	↑ * *	↑	↑ * *	↑ * *	↑ * *
M-K 突变检验	2002 年	2001 年	2005 年	1998 年	1998 年	1998 年

由表 4.3 可知，澜沧多年平均 ET_0 最大，为 1212.64 mm；景洪多年平均 ET_0 最小，为 1023.83 mm。利用 Kendall 法对各站点 ET_0 变化趋势进行分析，结果表明各站点 ET_0 均呈增加趋势。其中，勐腊、勐海、澜沧、江城、普洱增加趋势显著，增加幅度为每 10 年 22.93 ～26.04 mm。

西双版纳及周边典型气象站点 ET_0 年际变化如图 4.3 所示。

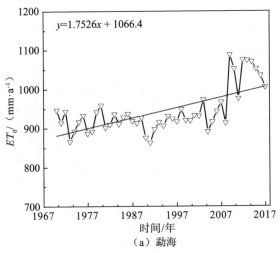

（a）勐海

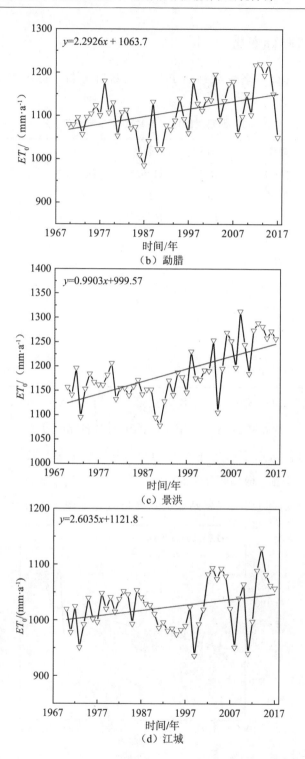

（b）勐腊

（c）景洪

（d）江城

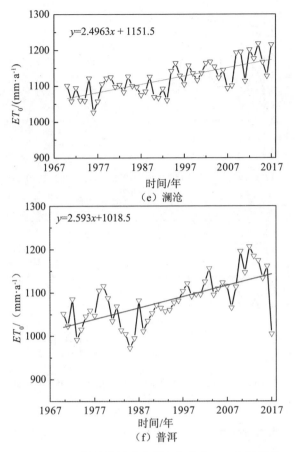

（e）澜沧

（f）普洱

图 4.3　西双版纳及周边典型气象站点 ET_0 年际变化

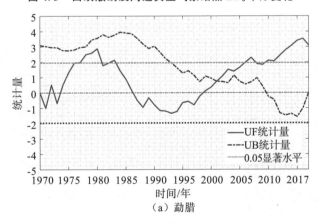

（a）勐腊

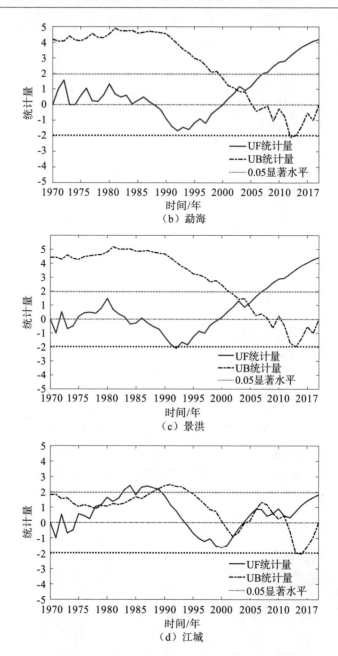

（b）勐海

（c）景洪

（d）江城

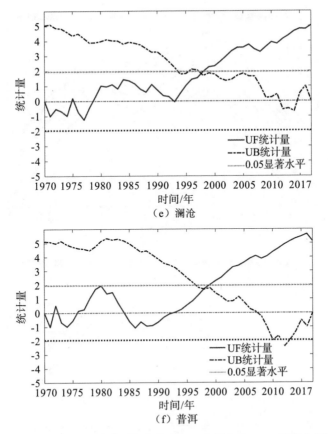

图 4.4   西双版纳及周边典型气象站点 ET_0 年际变化 M-K 突变分析检验

西双版纳及周边典型气象站点 ET_0 年际变化 M-K 突变分析检验如图 4.4 所示。其中，勐海 ET_0 突变年份为 2002 年，勐腊 ET_0 突变年份为 2001 年，景洪 ET_0 突变年份为 2005 年，江城、普洱和澜沧的突变年份均为 1998 年左右。这说明西双版纳及周边典型气象站点 ET_0 出现显著的上升变化主要集中在 2000 年以后。

4.4.3 ET_0 年内变化

图 4.5 为西双版纳及周边典型气象站点 ET_0 及气象因子多年均值年内分布图。由图 4.5（a）可知，各站点最高气温在年内呈现先增加，至干热季达到峰值后进入雨季开始减小，到雨季后期又小幅度上升的趋势，随后进入干季呈下降趋势。其中，景洪最高气温最高，达 33.4 ℃；江城最高气温最低，为27.9 ℃。

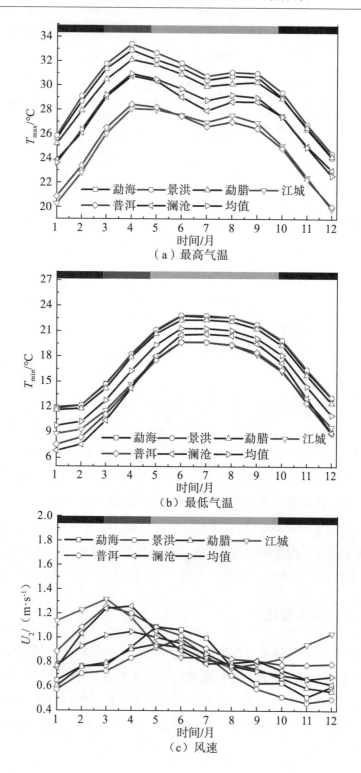

（a）最高气温

（b）最低气温

（c）风速

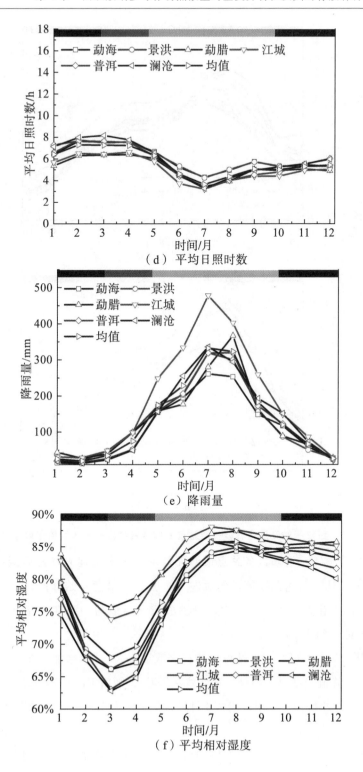

（d）平均日照时数

（e）降雨量

（f）平均相对湿度

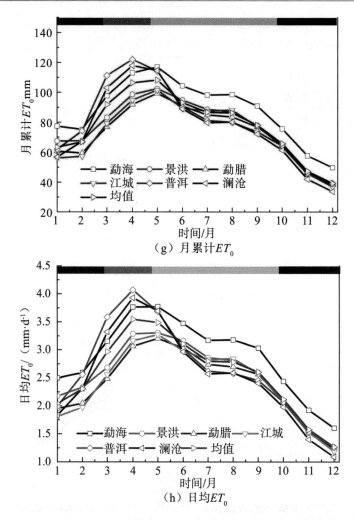

（g）月累计ET_0

（h）日均ET_0

图 4.5　西双版纳及周边典型气象站点 ET_0 及气象因子多年均值年内分布图

由图 4.5（b）可知，各站点最低气温在年内均呈现先增加后减小的单峰趋势；6—7 月雨季达到峰值，随后进入雾凉季，温度开始降低；1—2 月各站点最低气温变化幅度不大。其中，景洪最低气温最高，22 ℃；普洱和江城最低气温最低，为 19.1 ℃。

由图 4.5（c）可知，各站点风速在雾凉季 1—3 月先增加；在 3—4 月干热季形成一个峰值（勐海、勐腊、景洪稍有延迟），随后下降；10—11 月达到最低值后出现一个小峰值。其中，江城 3 月风速最大，为 1.31 m/s；景洪月均风速最低，为 0.98 m/s。

由图 4.5（d）可知，平均日照时数整体呈现先增加，3—4 月干热季达到最大值后进入雨季迅速减少，随后雨季末期，随着降水减少又反弹升高的趋势。干热季平均日照时数为 7.25 h，雨季为 4.83 h，雾凉季为 6.11 h。

由图 4.5（e）可知，各站点降水量先增加后减少，在 7—8 月达到峰值（江城降水量高于各站点，月累计降水量为 467.3 mm），进入干季后降水量迅速降低，在 12 月和 1 月达到最小值，各站点降水量每月为 5.4～49.6 mm。试验区降水量年内变化明显，干季降水量偏少，仅为全年的 15% 左右。

由图 4.5（f）可知，各站点平均相对湿度呈现一致的规律：1—3 月随气温上升、晴好天气增多、日照时长增加，平均相对湿度下降，而在西双版纳地区正处于干热季降水补充不足，在干热季 3 月达到最低值（普洱和澜沧 3 月平均相对湿度最低，为 64%），随后逐渐增加，在雨季 7—8 月达到最大值，随后平缓降低。

由图 4.7（g）和图 4.7（h）可知，月累计 ET_0 和各月日均 ET_0 呈现相同趋势：从 1 月开始升高，干热季 4 月达到最大值，平均月累计 ET_0 为 105.60 mm，日均 ET_0 为 3.52 mm/d；进入雨季后，逐渐开始下降，在 12 月达到最小值，平均月累计 ET_0 与日均 ET_0 分别为 40.20 mm 和 1.34 mm/d。

4.5　西双版纳参考作物蒸散量空间格局

利用西双版纳及周边区域气象站点数据计算所得的 ET_0，在 ArcGIS 10.2 中进行 Kriging 空间插值分析，结果如下：1970—2017 年，西双版纳 ET_0 存在明显的空间分布差异，ET_0 整体上呈现南高北低、西高东低的分布趋势，年均 ET_0 变化为 1059.25～1212.64 mm。

西双版纳地势高低起伏，变化较大，呈南低北高、东西高而中部低的趋势，最高海拔超 2400 m，最低海拔仅为 400 m 左右。受到各区（县）所处地理位置、地形、地势及土地利用变化的影响，ET_0 空间分布存在差异。年均 ET_0 高值出现在西部勐海县格朗和乡，中部景洪市勐养镇、大渡岗乡及澜沧江河谷等地，这与该区域土地利用变化导致的平均相对湿度减小有关；低值出现在东北部勐腊县境内的易武、象明及勐腊国家自然保护区和尚勇国家自然保护区。

西双版纳处于季风气候带，干、湿季特征明显。西双版纳 ET_0 在雨季和干热季较高，雾凉季最低。西双版纳雾凉季月均 ET_0 为 62.96～72.10 mm。

另外，ET_0 的变化趋势与相对湿度、风速和日照时长有很大的相关性。各季 ET_0 变化幅度不大，大体呈从西向东逐渐增加的趋势。西双版纳东南部的象明、易武及尚勇自然保护区境内为 ET_0 的低值区，而西部勐海、景洪区域内为 ET_0 的高值区。

干热季 ET_0 空间分布与多年平均 ET_0 年际分布基本相似，大体从西至东递减，月均值为 108.61～122.36 mm。干热季降雨稀少，晴好天气较多，地表水分供应不足，相对湿度降低，ET_0 普遍升高，月均值大于 100 mm。雨季 ET_0 显著升高，月均值为 98.26～113.13 mm，变化幅度较小，西双版纳雨季 ET_0 整体呈现升高趋势。

4.6 西双版纳参考作物蒸散量变化归因分析

4.6.1 各气象站 ET_0 与年平均气象要素相关分析

本书针对西双版纳及周边年均 ET_0 变化的相关性，选取区域平均最高气温（T_{max}）、最低气温（T_{min}）、降水量（P）、日照时数（SD）、平均风速（u_2）和平均相对湿度等与 ET_0 变化密切相关的气象因子进行分析。试验区 ET_0 与年平均气象要素的线性相关系数如表 4.4 所列。

表 4.4 西双版纳及周边各站点 ET_0 与年平均气象要素的线性相关系数

站点	T_{max} 相关系数	T_{min} 相关系数	RH 相关系数	u_2 相关系数	SD 相关系数	P 相关系数
勐海	0.354 *	0.489 * *	−0.547 * *	0.493 * *	0.694 * *	−0.290 *
景洪	0.616 * *	0.424 * *	−0.565 * *	0.590 * *	0.086	−0.072 * *
勐腊	0.473 * *	0.198	−0.518 * *	0.151	0.862 * *	−0.020
江城	0.492 * *	0.339	−0.524 * *	−0.194	0.367 *	−0.151
普洱	0.731 * *	0.768 * *	−0.877 * *	−0.134	0.705 * *	−0.366 *
澜沧	0.514 * *	0.321	−0.637 * *	0.124	0.589 *	−0.075

注：＊＊表示显著性水平达到 0.01；＊表示显著性水平达到 0.05。

西双版纳及周边各站点的 47 年（1970—2017 年）年均 ET_0 与 T_{max} 和 SD 成显著正相关，相关系数为 0.354～0.731 和 0.086～0.862；与 RH 成显著负相关，相关系数为 −0.877～−0.518。勐海、景洪、普洱除了受 T_{max}，SD，RH 影响，还与 P 成负相关，相关系数为 −0.290，−0.072，−0.366。降水量较多导致大气相对湿度较高，过多的降水会导致大气层云层覆盖天数较多，即日照时数较少，从而导致 ET_0 降低。勐海、景洪、勐腊、澜沧的 ET_0 与 u_2 成显著正相关，相关系数为 0.493，0.590，0.151，0.124，风速越大越有利于 ET_0 的增加。

4.6.2　气候与橡胶林扩张种植对 ET_0 变化的响应分析

通过对敏感性和贡献率的分析，得出以下结论：RH 和 SD 是影响西双版纳 ET_0 的关键影响气象因子。因此，可推断 1970—2017 年西双版纳 ET_0 呈增加趋势，主要是由日照时数上升和平均相对湿度下降引起的。ET_0 是大气蒸发能力的体现，SD 增加能提高蒸发速率，而 RH 的降低表征了下垫面水汽含量的减少。

在本书 4.4 节中，对 47 年（1970—2017 年）西双版纳及周边各站点的 ET_0 进行了突变分析，得出在 2000 年左右为 ET_0 突变年份，2000 年以后 ET_0 升高趋势显著，这与橡胶林开始大面积扩张种植时间重合。因此，针对 2000 年以后西双版纳 RH 和 SD 的变化，以下进一步分析气候变化和橡胶林扩张种植对区域 ET_0 的影响。

如图 4.6（a）所示，西双版纳地区 47 年（1970—2017 年）的 RH 均呈下降趋势：1970—2000 年为 1.08，而 2000—2017 年为 1.97，2000 年以后降低趋势明显，相对湿度下降了 45.18%。如图 4.6（b）所示，1970—2000 年 SD 呈下降趋势，平均为 18.50 h；2000 年以后日照时数呈上升趋势，平均为 7.44 h，平均上升 59.78%。

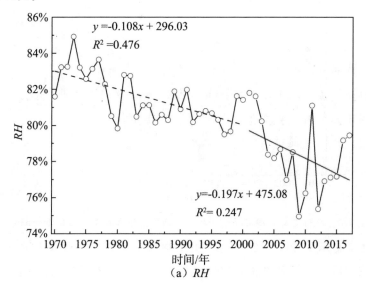

（a）RH

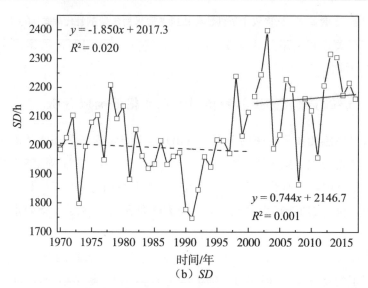

（b）SD

图 4.6　西双版纳及周边平均相对湿度和日照时数年际变化趋势图

为区分气候和土地利用/覆被变化对西双版纳 ET_0 变化的影响，利用同气候带未受橡胶林大面积扩张种植影响的红河南部、临沧、保山等地对照区域气象站点资料，进行气候变化和橡胶林扩张种植对区域逐年 ΔET_0 的影响波动对比分析。

利用式（4.12）对气候变化和橡胶林种植面积扩张对区域 ΔET_0 的变化量进行分析，结果如图 4.7 所示。

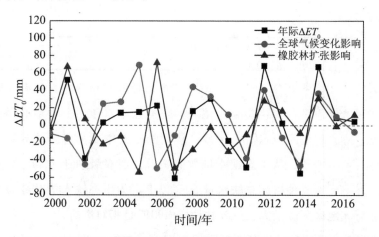

图 4.7　气候变化和橡胶林扩张种植对西双版纳逐年 ET_0 变化量影响趋势

图 4.7 显示了 2000—2017 年气候变化和土地利用对西双版纳 ΔET_0 影响的年际波动，分析了对照区域 2000—2017 年 ΔET_0 的平均变化量，并与西双

版纳地区的进行对比。受气候变化影响，对比区域内年际 ΔET_0 以 3.13 mm 的速率上升，而受橡胶林扩张种植影响，西双版纳地区 ΔET_0 的年变化量以 2.17 mm 的速率上升（已去除气候变化对西双版纳 ET_0 年变化量的影响）。研究结果表明：整体上说，2000—2017 年，气候变化对西双版纳 ET_0 的影响大于橡胶林扩张种植对西双版纳 ET_0 的影响，但橡胶林扩张种植加剧了 ET_0 的增加。

比较 2000—2017 年气候变化和橡胶林扩张种植对 ET_0 年变化量的影响，发现在部分时段，土地利用/覆被变化对 ET_0 的影响大于气候变化对其的影响。例如，2011 年之前，受到国际胶价持续增长的影响，西双版纳橡胶林呈爆发式增长。但随着国际胶价持续降低及人们生态环境保护意识的增强，西双版纳政府逐步实施"退胶还林"政策，橡胶林面积增长放缓。2011 年以后，土地利用/覆被变化对 ET_0 的影响逐渐减弱，气候变化对 ET_0 的影响逐渐占主导地位。整体上说，2000—2017 年气候变化和土地利用/覆被对西双版纳 ET_0 的影响是动态变化、共同作用的，气候变化起主导作用。

4.7　讨　论

西双版纳 ET_0 整体上呈现南高北低、西高东低的分布趋势。1970—2017 年，年均 ET_0 变化范围为 1059.25～1212.64 mm，西双版纳及周边 ET_0 呈上升趋势，主要是由 RH 的下降和 SD 的增加引起的，与刘悦等人研究的中国西南地区 ET_0 呈上升趋势结果一致。谢虹等人研究青藏高原 ET_0 的主要敏感因子是 R_n，R_n 影响 SD，与本书研究结果一致。Zuo 等人发现 RH 下降是渭河流域 ET_0 上升的主要原因，以及 Abtew 等人研究佛罗里达州 ET_0 上升的主要原因是由于相对湿度的下降和饱和水汽压差升高，与本书研究结果一致。许多研究结果表明 ET_0 呈上升趋势，Kousari 和 Ahani 及 Tabari 等人发现伊朗 ET_0 有升高趋势，Chaouche 和 Espandafor 等人发现地中海地区也有 ET_0 升高趋势，与本书研究结果一致。而 Wang 等人研究中国在 1961—2013 年 ET_0 呈减小趋势，与本书研究结果不一致，很大程度是因为受到区域差异和时间尺度的影响。

西双版纳橡胶林种植面积从 20 世纪 90 年代的 1.5×10^5 hm² 开始持续增长，尤其是随着国际合作密切及对橡胶贸易需求的增长，在经济利益的驱动下，西双版纳橡胶种植面积从 2000 年开始快速增加，相比 2000 年以前，增长了39.68%，并且向着高海拔山地扩展。橡胶林面积的连年扩张，导致该地区天然林面积不断减少、破碎化程度加剧，天然林覆盖率从 69.0% 下降到 43.6%，导致区域小气候发生变化（平均相对湿度降低和日照时数增加），从而促使 ET_0 上升，加剧了区域气候变化，影响了橡胶林种植区的水循环。

1970—2017 年，西双版纳区域内 ET_0 呈现上升趋势，上升率为 2.12 mm/a，该地区 ET_0 的增加主要是由 SD 显著上升和 RH 显著下降产生正贡献引起的，这与尹云鹤等人的研究一致，与 Nandagiri 等人研究太阳辐射的作用在湿润半湿润区更加显著的结论近似。据有关研究，SD 是影响中国西南地区 ET_0 变化的主要因素，本书通过敏感性和贡献率分析，得出西双版纳地区 ET_0 变化同样受到 SD 的主导作用。曾丽红等人发现东北地区 ET_0 的温度敏感系数最高；曹雯等人发现西北地区 ET_0 对太阳辐射最为敏感，气象因子对 ET_0 的贡献为 $-2.01%$；吴文玉等人研究主要气象因子对安徽省 ET_0 的贡献为 $-1.33%$；冯湘华研究主要气象因子对西部典型牧区 ET_0 的总贡献为 $-2.90%$。因此，在不同地区及不同气候条件下，气候变量对 ET_0 敏感性和贡献率存在明显差异。

为初步探究气候变化、土地利用/覆被变化对西双版纳区域 ET_0 的影响，假设将 ET_0 的变化近似完全归因于自然气候变化和橡胶林扩张种植两种因素。利用气象网站数据，分析量化气候变化、橡胶林扩张种植对区域 ET_0 的影响，得出气候变化和橡胶林扩张种植共同对西双版纳 ET_0 变化产生影响，气候变化是主导因素的结论。这与 Li 等人定量分析中国土地利用和气候变化对蒸散发的影响结论一致，与贾悦等人研究气候变化和灌溉对 ET_0 影响都江堰灌区气候变化是主要因素的研究结论一致。ET_0 的变化归因于土地利用/覆被改变引起的局部气候因子改变，与 Han 等人的研究一致。

近年来，西双版纳土地利用、景观格局变化剧烈，与人口增长和橡胶、茶等经济林面积的迅猛扩大有直接关系。单一人工橡胶林在生物群落多样性、涵养水源等方面远低于天然林。而受经济利益驱使，橡胶林种植面积增大并侵占了天然林，引起区域水资源的过度消耗，导致西双版纳的水分循环及局地气候发生变化，使西双版纳区域内年 ET_0 逐年增加，农林作物蒸散作用增强，加剧了区域水量亏缺。

此外，由于陆面—大气之间的相互作用机制极其复杂，直接区别出土地利用/覆被变化与自然气候变化对 ET_0 的影响较困难。因此，气象站点数据的使用不可避免地会带来一定的误差和不确定性。本书研究虽然分别考察了气候变化和橡胶林面积扩张对 ET_0 的独立影响，但气候变化和土地利用/覆被变化是彼此作用的，气候变化因子影响土地利用/覆被变化的边界，进而影响区域气候。对区域气候、土地利用/覆被变化和能量（水量）平衡之间的相互作用的研究，需增加更多的区域地表模型，为橡胶林扩张种植对当地水资源造成短缺等负面水文生态效应提供更多的理论支撑。

4.8　本章小结

本章将 Landsat TM/ETM/OLI 影像作为基础遥感数据，分析西双版纳近年来橡胶林种植空间分布格局，基于西双版纳及周边站点 1970—2017 年逐日气象资料，运用 P-M 公式计算得到试验区 ET_0，通过敏感性系数对 ET_0 的变化原因进行分析，得出的主要结论如下。

（1）1990—2017 年，西双版纳橡胶种植面积每年平均增加 12768 hm^2，最大的面积增长发生在 2005—2010 年。目前，西双版纳土地种植面积的 55.30% 用于种植橡胶。橡胶种植园的年增长速率从 1990—2000 年的 9019 hm^2 增加到 2000—2017 年的 1.4973×10^4 hm^2。由于受到人口增长和土地政策的影响，橡胶种植转向高海拔地区，1990—2017 年，约有 50% 的新建橡胶林是在海拔 900 m 以上地区建立的。

（2）1970—2017 年，西双版纳 ET_0 存在明显的空间分布差异。ET_0 整体呈南高北低、西高东低的分布趋势，年均 ET_0 变化在 1059.25～1212.64 mm。ET_0 在雨季和干热季较高，雾凉季最低。西双版纳雾凉季月均 ET_0 为 62.96～72.10 mm，大体呈从西向东逐渐增加的趋势。位于西双版纳东南部的象明、易武及尚勇自然保护区境内为 ET_0 的低值区。干热季 ET_0 空间分布大体从西至东递减，月均值为 108.61～122.36 mm，干热季降雨稀少，晴好天气较多，地表水分供应不足，相对湿度降低，ET_0 普遍升高。雨季 ET_0 显著升高，月均值为 98.26～113.13 mm。

（3）通过分析气候变化和橡胶林扩张对西双版纳 ET_0 的影响，可以得出：2000—2017 年，西双版纳 ET_0 变化量受气候变化影响以每 10 年 3.13 mm 的速率上升，受橡胶林扩张种植影响，以 2.17 mm 的速率上升，ET_0 变化趋势与气候变化影响趋势相对一致，但橡胶林扩张种植加剧了 ET_0 增加。2000—2017 年，气候变化和土地利用/覆被对西双版纳 ET_0 的影响是动态变化、共同作用的，总体而言，气候变化起主导作用。

第5章　西双版纳橡胶林
蒸散量时空变异特征

橡胶林蒸散量是橡胶林生态系统的生理耗水量，是维持橡胶正常生长发育及保持橡胶林生态系统水量动态平衡的关键。橡胶林蒸散过程对水分的消耗量与橡胶的品种、种植区气象及土壤条件等因素相关。

橡胶林蒸散量可利用参考作物蒸散量、作物系数和土壤水分限制系数的乘积求出。当种植区降水充足或土壤被充分灌水后，ET_c 主要由气象条件（如辐射量、温度、相对湿度等）和区域橡胶林生长状况（如叶面积指数、植被覆盖度等）决定。因此，本书对橡胶林种植区进行典型水文年型划分，可更加全面地探讨气候因子的年际差异对橡胶林蒸散的影响。

本章首先根据橡胶树的物候特征，结合第3章典型站点橡胶林波文比实测蒸散量数据、土壤水分数据，推求各生育期橡胶 K_c 和 K_s；然后，采用 FAO 推荐的 K_c-ET_0 法计算西双版纳地区橡胶林 ET_c，用 GIS 空间插值法进行分析。利用变异系数（CV）、Theil-Sen Median 趋势度和 M-K 趋势检验方法逐像元讨论年际橡胶林蒸散量空间变异性和变化趋势度，讨论丰、平、枯各典型水文年橡胶林蒸散量的空间分布规律。另外，结合西双版纳气候特点，进一步分析了橡胶林在各典型年的水分盈亏状况，以评价橡胶林地水量供需平衡关系。

5.1　数据与资料

本章利用 K_c-ET_0 法推算实测橡胶林 K_c，其中野外站点橡胶林样地蒸散量（$ET_{c,obs}$）和参考作物蒸散量（$ET_{0,obs}$）源于第3章波文比传感器实测及自动气象站观测值；推算 K_s 所需参数源于第3章野外站点橡胶林土壤样品采样相关测定结果；利用 K_c-ET_0 法计算西双版纳区域尺度 ET_c，其中 ET_0 数据源于第 4 章西双版纳地区的 ET_0 计算结果。

5.2　研究方法

5.2.1　橡胶林蒸散量计算

在标准状况下，即在土地广阔、肥力足够和土壤湿度适当地区，植被正常生长，不受水分和病虫害限制的理想条件下，根据 FAO 建议，ET_c 可由下列公式确定：

$$ET_c = K_c ET_0 \tag{5.1}$$

式中，ET_c——标准条件下的植被蒸散量，mm/d；

$\quad\quad K_c$——作物系数；

$\quad\quad ET_0$——参考作物蒸散量，mm/d。

在非标准条件下，植被蒸散量受土壤水分条件的限制。K_s 决定植被受到水分胁迫的阈值。在这种情况下，ET_c 的计算方法如下：

$$ET_c = K_s K_c ET_0 \tag{5.2}$$

式中，ET_c——非标准条件下植被蒸散量，mm/d；

$\quad\quad K_s$——土壤水分限制系数。

5.2.2　橡胶林水分限制系数和作物系数的推求

本书研究中，橡胶林土壤水分限制系数可采用以下公式计算：

$$K_s = \begin{cases} 1, & \theta \geqslant \theta_{thr} \\ \dfrac{\theta - \theta_{wp}}{\theta_{thr} - \theta_{wp}}, & \theta_{wp} \leqslant \theta < \theta_{thr} \end{cases} \tag{5.3}$$

式中，θ ——土壤体积含水量；

$\quad\quad \theta_{wp}$ ——凋萎时土壤体积含水量；

$\quad\quad \theta_{thr}$ ——临界土壤体积含水量。

其中，$\theta_{thr} = (1-p)\theta_{fc} + p\theta_{wp}$（$\theta_{fc}$ 为田间持水量，p 为根系层可用水占总水量的比例），本书中橡胶林 p 值取 0.4。

根据本书第 3 章波文比观测系统所测橡胶林样地蒸散量（$ET_{c,obs}$），以及自动气象站相同时段监测的气象因子参数，计算参考作物蒸散量（$ET_{0,obs}$）。在非标准状况下，橡胶林实测作物系数的计算方法如下：

$$K_c = \frac{ET_{c,obs}}{ET_{0,obs} K_s} \tag{5.4}$$

式中，$ET_{c,obs}$——橡胶林样地波文比实测蒸散量，mm；

$\quad\quad ET_{0,obs}$——橡胶林样地观测值（根据橡胶林样地自动气象站气象参数计算得出），mm；

$\quad\quad K_s$——橡胶林土壤水分限制系数，根据式（5.3）计算得出。

5.2.3 橡胶林蒸散量变异性分析

5.2.3.1 橡胶林蒸散量年际变化空间稳定度分析

采用变异系数直观评价橡胶林蒸散量空间变异程度，公式为

$$CV = \frac{SD}{ET_c} \tag{5.5}$$

式中，SD——橡胶林 ET_c 空间分布图中每个栅格多年的标准差；

$\quad\quad ET_c$——每个栅格的 ET_c 多年平均值。

CV 值体现橡胶林蒸散量的变异程度，根据 CV 值的大小，可划分为不同等级：非常稳定，$CV < 0.1$；稳定，$0.1 \leqslant CV < 0.2$；不稳定，$0.2 \leqslant CV \leqslant 0.3$；非常不稳定，$CV > 0.3$。

5.2.3.2 橡胶林蒸散量 Theil-Sen Median 空间趋势度变化分析

研究者采用 Sen 趋势度分析橡胶林蒸散量空间变化趋势。Sen 趋势度（β）计算公式如下：

$$\beta = \text{Median}\left(\frac{ET_{cj} - ET_{ci}}{j - i}\right), \quad i \leqslant j \tag{5.6}$$

式中，ET_{ci}，ET_{cj}——分每个栅格第 i 年和第 j 年的 ET_c 值；

$\quad\quad i$，j——时间序数；

$\quad\quad \beta$——变化趋势。

若 $\beta>0$，则表示某一时间序列蒸散量呈增加趋势；若 $\beta<0$，则表示某一时间序列蒸散量呈减少趋势。

5.2.3.3　橡胶林蒸散量空间变化显著性检验

可利用 Sen 趋势度公式［即式（5.6）］所得 β 值，结合 M-K 趋势检验法，进行橡胶林蒸散量空间变化趋势度的显著性分析。

$$Z=\begin{cases} \dfrac{S-1}{\sqrt{Var(S)}} & , S>0 \\[3mm] 0 & , S=0 \\[3mm] \dfrac{S+1}{\sqrt{Var(S)}} & , S<0 \end{cases} \tag{5.7}$$

$$S=\sum_{i=1}^{n-1}\sum_{j=i+1}^{n}\mathrm{sgn}(ET_j-ET_i) \tag{5.8}$$

$$\mathrm{sgn}(ET_j-ET_i)=\begin{cases} 1, & ET_j-ET_i>0 \\ 0, & ET_j-ET_i=0 \\ -1, & ET_j-ET_i<0 \end{cases} \tag{5.9}$$

$$Var(S)=\frac{n(n-1)(2n+5)}{18} \tag{5.10}$$

式中，n——时间序列长度。

当置信水平 $\alpha=0.05$，0.1 时，即 $|Z|>1.96$，1.645 时，表示该时间序列分别为显著和弱显著；当 $|Z|<1.645$ 时，表示该时间序列变化不显著。

5.2.4　橡胶林生态缺水分析

生态缺水量（ecological water deficit）表示在正常生长过程中橡胶林生态系统亏缺的水量，其计算公式如下：

$$EWD=ET_c-P_e \tag{5.11}$$

式中，EWD——橡胶林生态缺水量，mm；

ET_c——橡胶林蒸散量，mm；

P_e——橡胶林有效降水量，mm。

由于橡胶林林冠截留效应不同于一般旱作物，本节橡胶林有效降雨量参照本书第 3 章 3.1.2.3 节的中国科学院张一平等人对橡胶林林冠水文效应的相关研究结论进行计算。

5.2.5 橡胶林水分盈亏指数计算

水分盈亏指数（crop water surplus deficit index）可反映林地水分盈亏状况，具体计算公式如下：

$$CWSDI = \frac{P_e - ET_c}{ET_c} \tag{5.12}$$

式中，$CWSDI$ ——水分盈亏指数；

$\qquad P_e$ ——橡胶林有效降水量，mm。

$\qquad ET_c$ ——橡胶林蒸散量，mm。

$CWSDI$ 为正，表示橡胶林种植区水分有盈余；反之，表示橡胶林种植区水分亏缺。

5.3 橡胶作物系数及土壤水分限制系数的确定

在西双版纳地区，橡胶树在 1—2 月有明显的落叶期和休眠期，而在 3 月开始出现抽芽、长新叶，进入叶芽期和叶展期；5 月开始，橡胶树进入生长旺盛阶段，直至 10 月末。西双版纳橡胶林生育期划分详见表 5.1。

表 5.1 西双版纳橡胶林生育期划分

月份	1	2	3	4	5—10	11	12
橡胶树物候期	休眠期						
		生长初期					
			快速生长期				
					生长中期		
							生长末期

结合橡胶林样地实测土壤水分含水量等参数，对橡胶林土壤水分限制系数进行逐日推求，结果如图 5.1 所示。

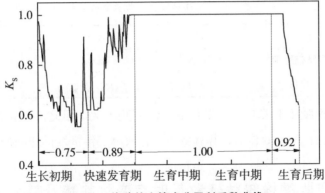

图 5.1　橡胶林土壤水分限制系数曲线

根据橡胶林生育期划分，结合 K_s 推算值，求出橡胶林各生育期 K_s 均值，为后续橡胶林多年蒸散量的计算提供参考参数。橡胶林各生育期土壤水分限制系数如表 5.2 所列。

表 5.2　橡胶林各生育期土壤水分限制系数

生育期	生长初期	快速发育期	生育中期	生育后期
K_s	0.75	0.89	1.00	0.92

利用式（5.4）对橡胶林作物系数进行计算，结果如表 5.3 所列。

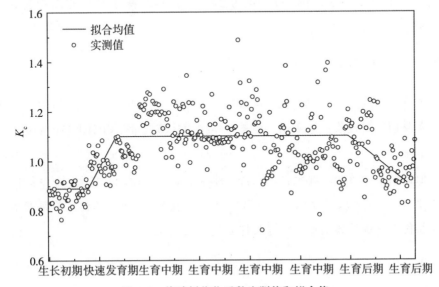

图 5.2　橡胶树作物系数实测值和拟合值

表 5.3   FAO 单作物系数法橡胶树作物系数推荐值和实测均值

橡胶树	K_{cini}	K_{cmid}	K_{cend}
FAO 单作物推荐值	0.95	1.00	1.00
实测 K_c 均值	0.89	1.10	0.91

考虑到橡胶林生长期作物系数多年间变化不大，因此，将计算所得的橡胶林各生育期作物系数作为计算西双版纳橡胶林多年蒸散量的基本参数。

5.4   西双版纳橡胶林蒸散量时空变化趋势及变异分析

5.4.1   西双版纳橡胶林蒸散量年际变化趋势

1970—2017 年，橡胶林蒸散量的最大值和最小值分别为 915.02 mm（1973 年）、1065.73 mm（2014 年），多年平均值为 985.26 mm，线性回归上升速率为 18.78 mm，未通过显著性检验，上升趋势不显著。利用 M-K 趋势检验法可知，橡胶林蒸散量在 1980—1990 年出现下降趋势，1990 年以后呈上升趋势。经 M-K 突变检验，突变点为 2000 年左右，表明 2000 年以后蒸散量呈显著上升趋势。

5.4.2   西双版纳橡胶林蒸散量年内变化趋势

依据西双版纳及周边气象站点数据，分析 1970—2017 年橡胶林生长期的平均年降雨序列及蒸散量变化。各典型年橡胶林蒸散量年内变化趋势如图 5.3 所示。

根据频率分析法，确定各站点特丰水年（$p=5\%$）、丰水年（$p=25\%$）、平水年（$p=50\%$）、枯水年（$p=75\%$）及特枯水年（$p=95\%$）的典型水文代表年份，并统计典型水文年橡胶林 ET_c 年内变化。

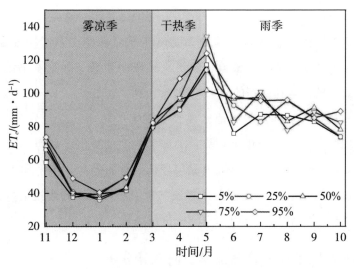

图 5.3　各典型年橡胶林蒸散量年内变化趋势

由图 5.3 可以看出，随着水文年型由湿润到干旱，橡胶林年蒸散量呈增加趋势。特丰水年橡胶林蒸散量为 927.54 mm，特枯水年橡胶林蒸散量为 1055.49 mm。各典型年中，雨季蒸散量占全年蒸散量的 55% 左右，干季蒸散量占全年蒸散量的 45% 左右，略小于雨季。各典型年橡胶林蒸散量年内变化值详见表 5.4。

表 5.4　各典型年橡胶林蒸散量年内变化值　　　　　　　　单位：mm

典型年	干季(11 月—次年 4 月)		雨季 (次年 5—10 月)
	雾凉季 (11 月—次年 2 月)	干热季 (次年 3—4 月)	
特丰水年	212.78	191.37	523.39
丰水年	221.84	190.91	543.82
平水年	225.08	202.06	548.38
枯水年	240.02	198.33	566.10
特枯水年	253.15	214.54	587.80

5.4.3　西双版纳橡胶林蒸散量多年均值空间分布格局

根据 1990—2017 年实地调查分析，确定西双版纳橡胶林种植面积最大年份为西双版纳橡胶林种植现状水平年，综合讨论在现状水平年下，橡胶林蒸散量空间分布特征。

西双版纳橡胶林蒸散量空间分布是基于西双版纳 ET_0 空间分布格局在 ArcGIS 10.2 中与橡胶作物系数、土壤水分限制系数（详见本书第 4 章 4.5 节）进行图层栅格运算得到的。

1970—2017 年，西双版纳地区橡胶林多年平均 ET_c 空间分布差异明显，整体上呈现西高、东低的变化趋势：中部和西部的景洪、勐海一带区域偏高（大于 1000 mm）；东部的勐腊境内呈现较低的分布趋势，年平均 ET_c 变化在 933.01～1092.29 mm。与西双版纳橡胶气象中心站点实测数据进行比对，空间插值结果精度相差 16% 以内，空间分析结果较为准确。

5.4.4 西双版纳橡胶林蒸散量空间变异分析

由西双版纳橡胶林蒸散量多年 CV 空间分布，可以得出 47 年（1970—2017 年）橡胶林 ET_c 的变异系数在 0.03～0.21，均值为 0.17，表明整个西双版纳橡胶林蒸散量变异程度较稳定。西双版纳西部勐海县境内，勐腊县北部易武、象明等橡胶林种植区，$CV<0.10$，表示该区域橡胶林 ET_c 年际变化程度非常小；南部勐龙、景罕、勐仑、关累等地区，$0.10 \leqslant CV \leqslant 0.20$，橡胶林 ET_c 年际变化程度较小；在景洪市、勐腊县等区域，$CV>0.20$，变异程度略高，橡胶林 ET_c 年际变化比较不稳定，这可能是该区域降水及地表水分情况不稳定所致。

采用 Theil-Sen Median 趋势度及 M-K 显著性分析，得出 47 年来西双版纳橡胶林 ET_c 变化趋势及趋势变化空间分布：西双版纳中部及东南部，即景洪和勐腊大部分地区 ET_c 呈增加趋势，而西部和东北部，勐海、易武一带 ET_c 呈减小趋势。

1970—2017 年西双版纳橡胶林 ET_c 变化趋势及显著性统计如表 5.5 所列。

表 5.5　1970−2017 年西双版纳橡胶林 ET_c 变化趋势及显著性统计

变化趋势		面积占比			总计
		不显著	弱显著	显著	
ET_c	增加	41.25%	8.94%	5.05%	57.24%
	减少	35.15%	6.93%	2.68%	42.76%

　　根据表 5.5，从变化占比及显著性来看，47 年来，随着西双版纳橡胶林面积的增大，ET_c 呈增加趋势，ET_c 增加的面积占 57.24%，ET_c 减少的面积占 42.76%；橡胶林 ET_c 不显著变化的面积最大，占 76.40%，弱显著、显著变化的面积比例分别占 15.87% 和 7.73%。总体上来看，随着种植面积的增加，区域橡胶林 ET_c 呈增加趋势。

5.5　典型年橡胶林蒸散量空间分布特征

　　采用空间插值法，得到西双版纳橡胶林特丰水年、丰水年、平水年、枯水年、特枯水年五个典型水文年的 ET_c 空间分布。西双版纳橡胶林各典型年 ET_c 空间分布趋势大致为从东北至西南递增、由低海拔向高海拔递增。随水文年型从湿润到干旱，ET_c 值增加。五个典型年橡胶林 ET_c 空间分布中各值段所占面积，随着干旱强度增加，高值区（大于 1000 mm）橡胶林 ET_c 所占面积增大。

　　据相关资料显示，西双版纳地区特丰水年橡胶林全生长期 ET_c 变化为 899.39～978.77 mm，丰水年橡胶林全生长期 ET_c 变化为 926.23～1076.16 mm，平水年橡胶林全生长期 ET_c 变化为 928.01～1108.09 mm，枯水年橡胶林全生长期 ET_c 变化为 935.56～1142.89 mm，特枯水年橡胶林全生长期 ET_c 变化为 1071.68～1149.79 mm。

5.6　有效降雨量时空特征

5.6.1　有效降雨量的时间变化

　　1970—2017 年，西双版纳橡胶林种植区有效降雨均呈下降趋势，波动幅度较大，如图 5.4 所示。西双版纳橡胶林有效降雨量的最大值和最小值分别为 1481.00 mm（1971 年）和 901.89 mm（1992 年），多年平均值为 1191.6 mm，线性趋势表明降速为每 10 年 −8.28 mm，未通过显著性检验。经对比，2000 年以后，特丰水年和丰水年所占比例减少。

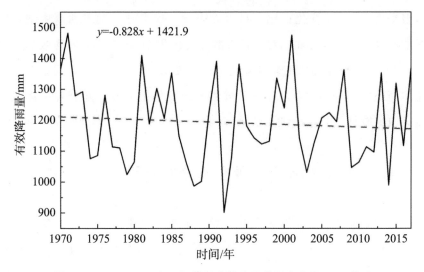

$y=-0.828x + 1421.9$

图 5.4　1970－2017 年西双版纳有效降雨年际变化及 M-K 检验

西双版纳各典型年有效降雨年内变化趋势如图 5.5 所示，其中，特丰水年有效降雨量为 1119.43 mm，平水年有效降雨量为 1006.21 mm，特枯水年有效降雨量为 934.86 mm。

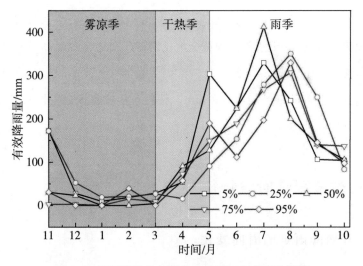

图 5.5　西双版纳各典型年有效降雨年内变化趋势

西双版纳干湿季分明，干季有效降雨量远小于雨季有效降雨量。随水文年型由特丰水年转为特枯水年，干季有效降雨量占全年总量百分比呈减小趋势，由 30.2% 降到 12.1%，如表 5.6 所列。

表 5.6　西双版纳各典型年有效降雨量年内变化量　　　单位：mm

| 典型年 | 干季（11月—次年4月） | | 雨季（次年5—10月） |
	雾凉季（11月—次年2月）	干热季（次年3—4月）	
特丰水年	228.06	110.16	781.21
丰水年	264.26	81.88	961.71
平水年	53.46	94.95	857.80
枯水年	20.18	96.76	850.70
特枯水年	69.58	96.66	768.62

5.6.2　有效降雨量的空间变化

由于西双版纳境内地形和气象条件不同，因此有效降雨量空间分布不均，总体呈现东部多、西部少，南部高、北部低，山地多、盆地少的特征。

西双版纳年均有效降雨量在 821.23～1519.64 mm。处于西部迎风坡的西定、巴达及处于东南迎风坡的易武、倚邦一带山区为降雨量高值区，年平均有效降雨量都在 1500 mm 以上；而勐腊、景洪一带为降雨量低值区，多年平均有效降雨量在 900 mm 左右。

5.7　西双版纳橡胶林生态缺水量

对五个典型水文年下橡胶林蒸散量和有效降雨量空间分布进行分析计算，利用式（5.10）进行空间栅格图层运算，可以得到西双版纳橡胶林典型水文年的生态缺水量。

西双版纳橡胶林各典型年生态缺水量空间分布格局大体上从西南向东北减少，特丰水年生态缺水量为－822.40～－75.26 mm，丰水年为－713.32～－37.00 mm，平水年为－750.98～83.54 mm，枯水年为－564.86～269.78 mm，特枯水年为－93.91～378.26 mm。从各典型水文年来看，西双版纳橡胶林在特丰水年和丰水年的情况下无生态缺水情况，而从枯水年开始，橡胶林缺水面积和程度都比平水年的增加。西双版纳勐腊县东南部是缺水量高值区，这与该地区有效降雨量少而蒸发量大是相对应的。

5.8 西双版纳橡胶林水分盈亏分析

利用1970—2017年西双版纳及周边气象站点数据，分析西双版纳橡胶种植区的水分盈亏状况。利用式（5.11）进行空间图层运算，可以得到橡胶林各典型水文年的 $CWSDI$ 分布空间格局。

不同水文年橡胶林水量盈亏状况存在较大差异。特丰水年和丰水年，西双版纳 $CWSDI$ 分别为0.08～0.92和0.05～0.88，水分有盈余；随着水文年由丰水年向枯水年变化，降雨量减少，开始出现水分亏缺，平水年的 $CWSDI$ 为－0.06～0.87，枯水年的 $CWSDI$ 为－0.30～0.51，特枯水年的 $CWSDI$ 为－0.35～0.09。枯水年仅西双版纳东北部橡胶林种植区水量有盈余，其他地区均出现水分亏缺，最大亏缺值达312.70 mm。

将各典型年内橡胶林生育期进行划分，并对橡胶林各生育期 $CSWDI$ 进行空间插值分析，结果如表5.7所列。

表5.7　橡胶林各生育期水分盈亏指数区间

水文年	各生育期 $CSWDI$				
	生长初期 （1—2月）	快速生长期 （3—4月）	生长中期 （5—10月）	生长末期 （11—12月）	全年生长期 （1—12月）
特丰水年	－0.90～0.64	－0.84～0.36	0.55～2.32	0.40～1.35	0.08～0.92
丰水年	－1.00～0.03	－0.78～0.30	0.35～1.73	－0.62～0.69	0.05～0.88
平水年	－0.90～－0.25	－0.77～－0.38	0.20～1.90	－0.51～－0.18	－0.06～0.87
枯水年	－0.92～－0.66	－0.73～－0.16	0.07～1.27	－0.89～－0.13	－0.30～0.51
特枯水年	－0.91～－0.38	－0.92～－0.62	0.09～1.65	－0.95～－0.69	－0.35～0.09

注：$CSWDI$ 为正值，表明区域水分有盈余；$CWSDI$ 为负值，表示区域水分亏缺。

各典型水文年西双版纳橡胶林生长中期 $CSWDI$ 在0.07～2.32，水分充足有盈余。这是因为橡胶林生长中期正值雨季，西双版纳雨季降水充沛，水分可满足橡胶林生长和蒸散需要。而橡胶林生长初期、快速生长期和生长末期正处于西双版纳干季，即使在特丰水年，橡胶林生长初期和快速生长期的

$CSWDI$ 分别为 $-0.90 \sim 0.64$，$-0.84 \sim 0.36$。在丰水年，橡胶林生长初期、快速生长期和生长末期的 $CSWDI$ 分别为 $-1.00 \sim 0.03$，$-0.78 \sim 0.30$，$-0.62 \sim 0.69$，这说明即使在湿润年份，橡胶林生长初期、快速生长期和生长末期均出现了缺水状况。这是由于西双版纳降水季节性差异明显、时空分布不均，橡胶林在干季通常都会出现土壤水分胁迫。

5.9 讨 论

本章基于农业气象原理，计算非标准状态下西双版纳橡胶林 ET_c 并分析讨论其时空变异特征。通过线性倾向估计和 M-K 检验法对橡胶林 ET_c 趋势变化进行分析，发现 47 年（1970—2017 年）西双版纳橡胶林 ET_c 呈整体上升趋势，至 2000 年开始发生突变，上升趋势明显加剧，其主要原因是西双版纳地区日照时数升高和相对湿度降低导致 ET_0 升高。西双版纳橡胶林 ET_c 呈显著上升趋势，与 Chiarelli 等人研究的东南亚橡胶林蒸散对水量的需求随种植面积增加而增大结果一致，与 Mangmeechai 研究泰国橡胶林多年蒸散量变化增加的趋势一致。

西双版纳橡胶林多年 ET_c 在 $915.02 \sim 1065.73$ mm，均值为 985.26 mm，与 Carr 研究泰国橡胶林 ET_c（1050 mm）相近，比 Tan 等人对西双版纳橡胶林 ET_c 均值（1137 mm）低。这主要是由于本书橡胶林多年 ET_c 的计算利用试验区林龄为 15 年橡胶林实测的橡胶作物系数和土壤水分限制系数，不同林龄橡胶树的蒸发、蒸腾量不同。通过插值分析，橡胶林 ET_c 空间分布呈西高东低的变化趋势，中部和西部景洪、勐海一带区域偏高，空间差异明显，其原因主要是受地形地貌、海拔高度、所处区域降水量、温度等影响，而降水量和辐射能量在区域内分布不均匀，也在一定程度上导致 ET_c 的区域差异。

西双版纳橡胶林蒸散量变异系数在 $0.03 \sim 0.21$，其稳定和相对稳定的面积所占比例达 82.47%，不稳定和极不稳定的面积所占比例为 17.53%。从整体上看，整个橡胶林种植区域 ET_c 变化相对稳定，变异程度不明显。变异程度较大的区域仅出现在一些降水和地表水分布不均的区域，土壤储存的可蒸散水量变化直接影响橡胶林 ET_c，这与温媛媛和梁红闪等人研究区域蒸散量空间稳定度规律相似。

利用 Sen 趋势空间分析，西双版纳橡胶林 ET_c 总体呈增加趋势，增加趋势和减少趋势所占面积比例分别为 57.24％和 42.76％，与 Chiarelli 等人研究东南亚天然橡胶种植园扩张引起蒸散对水量需求变化增加趋势一致；与杨艳颖研究中国年蒸散量整体呈上升趋势一致；而与邓兴耀等人研究中国西北干旱区蒸散时空动态变化，蒸散量呈下降趋势不一致，这主要是由于研究尺度和区域地理环境不同所致。

西双版纳橡胶林生态缺水定额受到蒸散量和有效降雨量的影响，特丰水年和丰水年橡胶林几乎不缺水，随着湿润程度降低（水文年型从丰水年向枯水年变化），水分亏缺的程度和面积增加。这与研究天然草地典型年生态缺水量变化趋势相似，也与研究黑河流域植被生态缺水量变化趋势一致。通过水分盈亏指数对橡胶林各典型年生育期进行水分盈亏讨论，发现由于西双版纳年内降雨量不均，降雨量与橡胶林生长需水量不同步，导致季节性干旱明显，各典型年内橡胶林生长初期、快速生长期和生长末期均出现水分亏缺，而处于雨季的生长中期水分充足有盈余。

橡胶林生长初期、快速生长期及生长末期均处于西双版纳的干季。西双版纳干湿季分明，降雨量年内分配不均，干季年均降雨量仅为全年的 15％，极易造成季节性干旱。同时，与热带雨林相比，橡胶林蒸散量高，水分需求大，而其林下土壤对水分的存储能力差，为保证正常生长发育，橡胶林在干季更趋于利用发达的根系从土壤深层吸收水分，以缓解干旱胁迫，满足自生生长和蒸散需求，引起西双版纳干季径流量和（或）地下水位出现急剧变化（如橡胶林种植区地表支流零流量），造成或加剧了旱季水资源短缺。因此，除了关注橡胶林种植区各典型年生态缺水空间分布格局，对年内各生育期水分盈亏状况仍需进一步研究探讨。

采用 GIS 空间插值法分析橡胶林蒸散量长期和区域尺度空间变异特征，在一定程度上弥补了基于短期单站点橡胶林试验样地蒸散数据进行点尺度研究的不足，但由于受限于气象观测站点和观测资料，未来该区域橡胶林蒸散变化特征还需要更加全面和充分的数据作为支撑。

5.10　本章小结

本章在 GIS 平台下对西双版纳橡胶林蒸散量空间变异性和趋势进行分析，表征了 1970—2017 年西双版纳橡胶林典型水文年蒸散量和有效降雨量空间分布特征，展现了典型水文年橡胶林生态缺水量空间分布特征。

（1）1970—2017 年，橡胶林 ET_c 的最大值和最小值分别为 915.02 mm 和 1065.73 mm，多年平均值为 985.26 mm；特丰水年橡胶林蒸散量为 927.54 mm，特枯水年橡胶林蒸散量为 1055.49 mm；各典型年雨季蒸散量占全年蒸散量的 55% 左右。西双版纳地区橡胶林多年平均蒸散量呈现西高东低的变化格局，空间分布差异明显，中部和西部景洪、勐海一带区域偏高（大于 1000 mm），东部勐腊境内偏低，年平均蒸散量变化在 933.01~1092.29 mm。

（2）多年来，西双版纳橡胶林种植区 ET_c 随橡胶种植面积的增加而增加，增加的面积占 57.24%，减少的面积占 42.76%。橡胶林 ET_c 变异程度稳定，变异系数在 0.03~0.21，平均 CV 为 0.17，景洪和勐腊地区变异程度略高。西双版纳橡胶林 ET_c 空间分布变化为中部及东南部大部分地区呈增加趋势，而西部和东北部一带呈减小趋势。橡胶林 ET_c 的变化中不显著的面积最大，占 76.40%；弱显著、显著变化的面积比例分别占 15.87% 和 7.73%。

（3）西双版纳橡胶林各典型年 ET_c 空间分布趋势大致为从东北至西南、由低海拔向高海拔递增。随水文年型从湿润到干旱，ET_c 增加。特丰水年橡胶林全生长期 ET_c 变化为 899.39~978.77 mm，丰水年橡胶林 ET_c 变化为 926.23~1076.16 mm，平水年橡胶林 ET_c 变化为 928.01~1108.09 mm，枯水年橡胶林 ET_c 变化为 935.56~1142.89 mm，特枯水年橡胶林 ET_c 变化为 1071.68~1149.79 mm。各典型年橡胶林 ET_c 空间分布图中，各值段所占面积随着干旱强度增加，高值区（大于 1000 mm）橡胶林 ET_c 所占面积增大。

（4）西双版纳橡胶林有效降水以每 10 年 −8.28 mm 的速率减小，最大值和最小值分别为 1481.0 mm（1971 年）和 901.9 mm（1992 年），多年平均值为 1191.6 mm；随着水文年型从特丰水年到特枯水年，干季有效降水占全年总量百分比由 30.20% 降到 12.10%，呈减小趋势。空间格局上，西双版纳年均有效降水在 821.23~1519.64 mm，其分布总趋势是东高西低、南高北低、山区多于盆地、迎风坡大于背风坡。

（5）西双版纳橡胶林各典型年生态缺水量空间分布格局大体上从西南向东北减少，特丰水年生态缺水量为$-822.40\sim-75.26$ mm，丰水年生态缺水量为$-713.32\sim-37.00$ mm，平水年生态缺水量为$-750.98\sim83.54$ mm，枯水年生态缺水量为$-564.86\sim269.78$ mm，特枯水年生态缺水量为$-93.91\sim378.26$ mm。从各典型水文年分析，西双版纳橡胶林在特丰水年和丰水年情况下水分有盈余，而枯水年橡胶林缺水面积和程度都比平水年增加。勐腊县东南部是缺水量的高值区域，受该地区有效降水量小和蒸发量大的影响。

（6）西双版纳特丰水年和丰水年的 $CWSDI$ 分别为 $0.08\sim0.92$，$0.05\sim0.88$，水分有盈余；平水年的 $CWSD$ 为$-0.06\sim0.87$；枯水年的 $CWSD$ 为$-0.30\sim0.51$；特枯水年的 $CWSD$ 为$-0.35\sim0.09$。随着水文年型由丰水年向枯水年变化，橡胶林水分亏缺程度和范围扩大。对西双版纳橡胶林各生育期水分盈亏进行插值分析，雨季橡胶林进入生长中期水分充足有盈，而在各典型年内处于干季的生长初期、快速生长期和生长末期均出现季节性水资源亏缺。

第6章　云南省人工橡胶林生态需水特征研究

人工橡胶林种植经济效益较好，已成为云南部分山区发展经济的重要途径，特别是在水热条件好的热带、亚热带地区。随着社会经济的发展，橡胶林成为种植面积大、造成生态及环境影响最大的人工经济林。橡胶林面积的连年扩张导致天然林面积不断减少、天然林生境的破碎化程度加剧、森林片断化问题严重，进而破坏和干扰我国珍贵的热带雨林的生物多样性及生态环境，使得雾日减少、旱季干旱加剧、部分支流断流或径流量减少等。天然橡胶产业是典型的资源约束型产业。作为国家重要战略资源，云南天然橡胶产业历来受到国家的高度重视，目前云南省已成为我国主要的橡胶产区，南部边境 7 个州（市）（西双版纳、普洱、临沧、保山、红河、文山、德宏）都种植橡胶。至 2012 年年底，云南橡胶林面积达 $5.564 \times 10^5 \, \text{hm}^2$，天然橡胶产量为 $4.528 \times 10^5 \, \text{t}$，占全国天然橡胶总产量的 58.5%，跻身全国最大的橡胶种植基地。截至 2018 年年底，云南天然橡胶种植面积为 $5.714 \times 10^5 \, \text{万} \, \text{hm}^2$，占全国种植面积的 48.95%，天然橡胶产量为 $4.548 \times 10^5 \, \text{t}$，占全国总产量的 55.87%，天然橡胶农业产值达 60 亿元。本章以 1990—2018 年云南省橡胶林分布情况数据为基础，对云南省人工橡胶林生态需水量和生态缺水量进行估算。

6.1　云南省橡胶种植历史

1876 年，英国人威克汉姆将橡胶树从发源地亚马孙流域移植到斯里兰卡的植物园，拉开了橡胶树从热带核心种植地区向亚洲、非洲等区域逐渐扩散栽培的序幕。1904 年，云南省干崖（今盈江县）傣族土司刀安仁从东南亚购回橡胶树，并在今云南省德宏傣族景颇族自治州（以下简称德宏）盈江县新城凤凰山中成功种植，这标志着我国首次成功引种天然橡胶树。到 20 世纪 40 年代中后期，泰国华侨钱仿周将 2 万余株胶苗种植于西双版纳曼龙拉寨附近建造的"暹华胶园"。至今，橡胶树引种到我国已有 100 多年的历史。

与新中国成立前橡胶分散、小规模的种植相比，新中国成立后，云南橡胶产业得到国家和政府的大力支持。由于对橡胶需求量持续增加，受到经济利益的驱使，云南橡胶业规模化发展，植胶地面积迅速扩大。在新中国成立初期，云南省橡胶产业的发展主要以橡胶树的培育和种植面积的扩大为主。在当时，我国迫切需要恢复和发展国民经济，天然橡胶虽然是关系国计民生的战略物资，但是受到了国际社会的封锁和限制。为了确保国家安全和稳定，我国政府做出《关于扩大培植橡胶树的决定》等一系列重大决策。橡胶树是天然橡胶的唯一来源。橡胶树喜常温、湿润、向阳，适宜生长温度为 23～32 ℃，耐热、不耐寒旱，传统种植区域为南北纬 10°之间。为了进一步考察验证我国橡胶发展种植适宜区域，秦仁昌教授于 1951 年带队前往云南省德宏进行调查，发现云南是种植橡胶树的重要基地。西双版纳位于热带北缘，被国际上称为橡胶种植的"禁区"，经过专家组的一次次考察研究，精心培育出适合高纬度地区种植的橡胶品种。国家有关部门对西双版纳橡胶适宜种植区进行了初步调查和规划，确定云南西双版纳及南部部分地区可以大规模种植橡胶。在几代植胶人的共同努力下，我国宣告橡胶树种植北移成功，并建立了以云南西双版纳及海南为主的非传统橡胶生产基地。

随着橡胶经济的发展和对橡胶需求量的持续增加，截至 1990 年中期，橡胶种植已经推广至西双版纳、红河、文山、思茅、德宏和临沧等自治州（市、区）。云南省橡胶种植面积达到 1.435×10^5 hm^2，割胶面积约为 6.500×10^5 hm^2，干胶产量约有 1.308×10^5 t。其中，西双版纳干胶产量占云南省干胶总产量的 80.20%，红河、文山、思茅、德宏、临沧的干胶产量分别占云南省干胶总产量的 6.50%，0.31%，3.00%，3.44%，6.57%。

21 世纪以来，为进一步发展我国天然橡胶产业，2007 年农业部颁布实施了《全国天然橡胶优势区域布局规划（2008—2015 年）》、2010 年国务院办公厅下发了《关于促进我国热带作物产业发展的意见》、2013 年农业部印发了《2013 年天然橡胶标准化抚育技术补助试点工作方案》，使橡胶种植业得到进一步发展。

橡胶的大规模种植促进了当地的经济发展，为植胶户带来了可观的经济收入。2006 年，西双版纳橡胶种植实现年产值 17.7 亿元，为当地农民人均提供纯收入 1056 元，占农民人均纯收入的 42.8％。

6.2 云南省橡胶林分布现状

云南省橡胶种植地区大致位于 21°10′N～25°N，97°30′E～104°50′E，包括西双版纳、普洱、临沧、保山、红河、德宏、文山 7 个州（市）。西双版纳是我国天然橡胶种植起源地，是热带北缘地区橡胶林种植的典型代表。图 6.1 为 1990—2018 年云南省主要州（市）橡胶林种植面积。

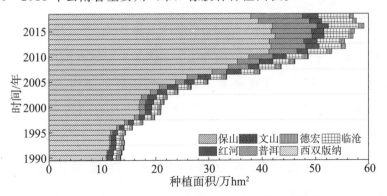

图 6.1　1990—2018 年云南省主要州（市）橡胶林种植面积

从图 6.1 中的统计数据可以看出，云南省橡胶种植面积从 1990 年的 $1.343×10^5 hm^2$ 增长到 2018 年的 $5.714×10^5 hm^2$。其中，西双版纳地区为云南省主要橡胶人工林种植区，种植面积为 $(1.065～4.345)×10^5 hm^2$，占全省橡胶林种植面积的 68％～81％；普洱和临沧地区在 2000 年以后橡胶林种植面积迅速扩大，分别从 2000 年的 $1.100×10^5 hm^2$ 左右增加到 2018 年的 $9.56×10^4 hm^2$，$5.81×10^4 hm^2$；其他州（市）橡胶林面积在 $(0.05～2.76)×10^4 hm^2$，不足全省橡胶林种植面积的 10％。

图 6.2 为 1990—2018 年云南省橡胶产量统计图。

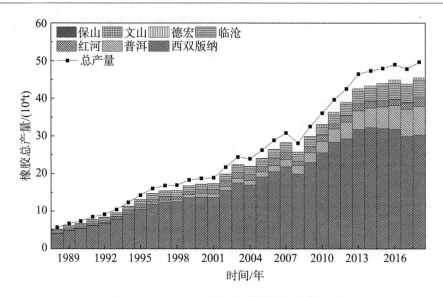

图 6.2　1990－2018 年云南省橡胶产量统计图

如图 6.2 所示，云南省橡胶产量从 1990 年的 6.730×10^4 t 到 2018 年的 4.486×10^5 t，增长了 3.813×10^5 t，每年增长率 84.63%。特别是 2005 年以后，橡胶产量翻了一番。西双版纳地区为云南省主要的橡胶产区，占全省橡胶产量的 71%～81%；其次是普洱和临沧，橡胶产量占全省橡胶产量的 6.6%～6.8%。

6.3　云南省橡胶林地有效降雨及参考作物蒸发量时空分布特征

本书采用云南省主要橡胶种植区 7 个州（市）及周边共 32 个基准气象站点 1990—2018 年的日集数据资料，各气象站点基本情况见表 6.1。

气象数据资料主要包括降水、气温、日照、相对湿度、风速等，部分站点缺失的数据采用相邻或经纬度相近的站点数据进行插补。

根据云南省橡胶林种植区瑞丽、耿马、临沧、景东、澜沧、思茅、景洪、勐腊、江城、蒙自、屏边、泸西、砚山 13 个气象站点逐日降水数据，利用中国科学院计算橡胶林地有效降雨方法，计算 1990—2018 年各站有效降雨量，统计该区域 1990—2018 年橡胶林地有效降雨量总量，借助泰森多边形法，计算得到区域加权平均值。

表 6.1　云南省主要植胶区基本气象站点

州（市）	站点	州（市）	站点	州（市）	站点
西双版纳	景洪	普洱	江城	德宏	瑞丽
	勐腊				芒市
	勐海	红河	蒙自		陇川
普洱	思茅		河口		梁河
	景谷		金平		盈江
	镇沅		绿春	文山	文山
	澜沧	临沧	临沧		马关
	景东		耿马		麻栗坡
	西蒙		沧源		砚山
	孟连		镇康		富宁
	墨江		永德	保山	隆阳

另外，利用各气象站点所测数据，使用 FAO 建议的 P-M 公式计算参考作物蒸散量。1990—2018 年，云南省 7 个州（市）主要橡胶林地参考作物蒸散量在 668.69～1562.24 mm，均值为 2.98 mm/d，1990—2018 年各区域 ET_0 呈下降趋势，线性倾向率为 0.097～21.1 mm。云南省主要橡胶林地呈从西到东、从南到北下降幅度增加。

云南省主要橡胶种植区 7 个州（市）ET_0 线性倾向率见表 6.2。云南省主要橡胶种植区 ET_0 变化趋势（1900—2018 年）见图 6.3。

表 6.2　云南省主要橡胶种植区 7 个州（市）ET_0 线性倾向率

区域	保山	德宏	临沧	普洱	红河	文山	西双版纳
ET_0 线性倾向率/ $[mm \cdot (10\ a)^{-1}]$	2.26	0.89	7.38	5.88	3.16	21.1	0.097

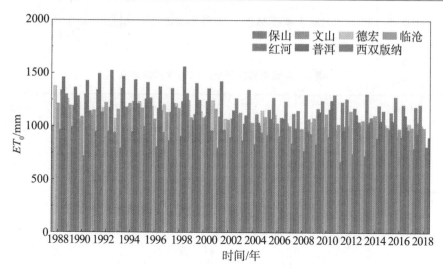

图 6.3 云南省主要橡胶种植区 ET_0 变化趋势（1990—2018 年）

根据本书第 5 章内容，通过对橡胶林蒸散量与气象因子有效降雨量、参考作物蒸散量进行多元回归分析，推算 7 个州（市）橡胶种植区 1990—2018 年的生态需水定额，如图 6.4 所示。

1990—2018 年，西双版纳、普洱、临沧、红河、德宏、文山、保山等 7 个州（市）主要橡胶林地有效降水量介于 663.3～2031.5 mm，均值为 1129.71 mm；西双版纳地区降水量最多，为 1232.40 mm；保山降水量最少，为 1000.83 mm。生态需水定额为 1000.26～2285.03 mm，均值为 1601.00 mm。生态需水定额均值最大的地区是文山，为 1779.49 mm；生态需水定额均值最小的地区是红河，为 1285.53 mm。

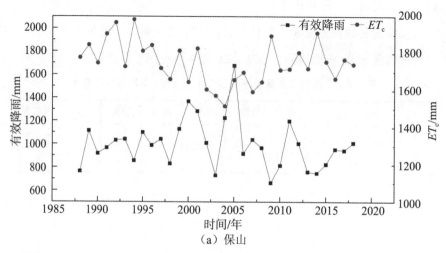

（a）保山

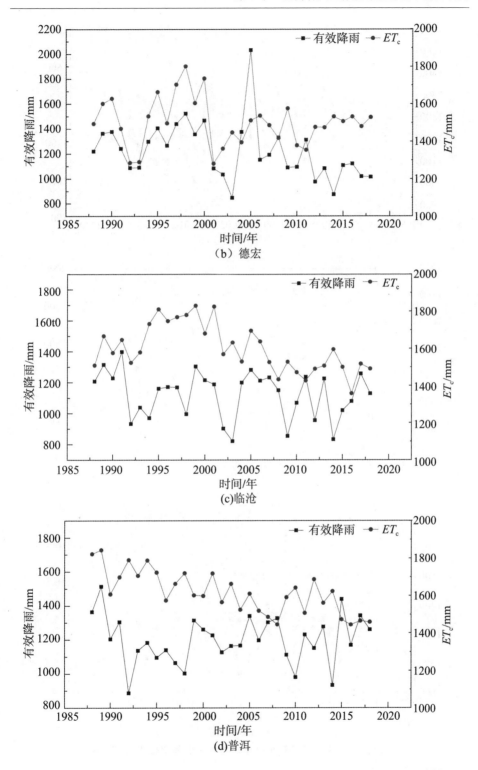

（b）德宏

(c)临沧

(d)普洱

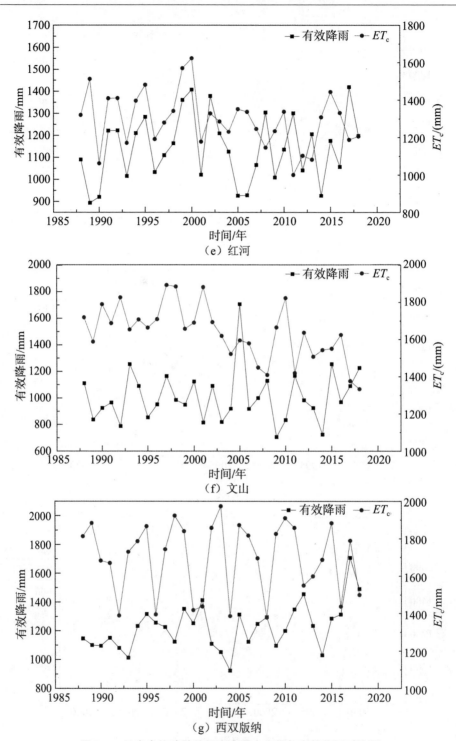

图 6.4　云南省植胶种植区生态需水定额与有效降雨对比图

6.4　云南省橡胶林地生态需水量和缺水量分布特征

1990—2018 年，云南省主要橡胶林种植区生态需水量整体呈中部较高、东西两端较低的趋势。其中，西双版纳年均生态需水量最高，为 41.08×10^8 m³；文山年均生态需水量最低，为 0.12×10^8 m³。云南省年均生态需水总量为 5.226×10^9 m³。云南省橡胶林地生态需水量及总量变化趋势如图 6.5 所示。

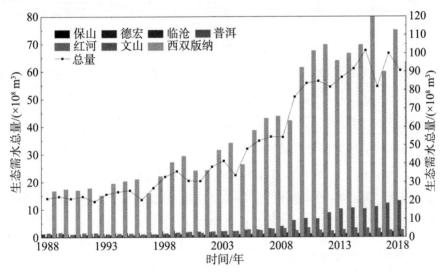

图 6.5　云南省橡胶林地生态需水量及总量变化趋势

如图 6.6 所示，云南省生态缺水定额为 −797.29～1990.97 mm，均值为 534.35 mm。其中，文山生态缺水定额均值最大，为 1079.77 mm；红河生态缺水定额均值最小，为 −136.46 mm。除西双版纳生态缺水定额呈增加趋势，其余各地区生态缺水定额呈现下降趋势。西双版纳生态缺水定额线性倾向率 1.49 mm/10 a，趋势呈上升趋势，其余地区生态缺水定额线性倾向率21.38～51.05 mm/10 a。

1989—2018 年云南省主要橡胶林种植区生态缺水定额具体为：保山 161.68～1617.97 mm，德宏 −503.32～1363.07 mm，临沧 −313.50～1383.72 mm，普洱 −357.99～1204.50 mm，红河 −797.29～597.15 mm，文山 61.60～1990.97 mm，西双版纳 −320.09～920.49 mm。

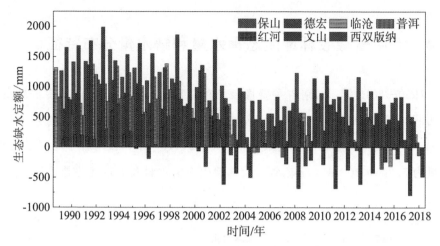

图 6.6　云南省橡胶林地生态缺水定额

如图 6.7 所示，1990—2018 年，云南省主要橡胶林种植区年均生态缺水总量为 $1.52 \times 10^8 \ \mathrm{m}^3$；2014 年生态缺水量最大，为 $4.047 \times 10^9 \ \mathrm{m}^3$；2008 生态缺水量最小，为 $-1.139 \times 10^9 \ \mathrm{m}^3$，水量整体呈增加趋势。各橡胶林种植区中，西双版纳年均生态缺水量最高，为 $9.53 \times 10^8 \ \mathrm{m}^3$；红河年均缺水量最低，为 $-0.41 \times 10^8 \ \mathrm{m}^3$。根据云南省主要橡胶种植区周边站点（包括勐腊、思茅、耿马、瑞丽、砚山等 32 个站点）1990—2018 年年降雨序列，通过频率分析法得到研究区各站丰水年、平水年及枯水年的水文代表年，如表 6.3 所列。

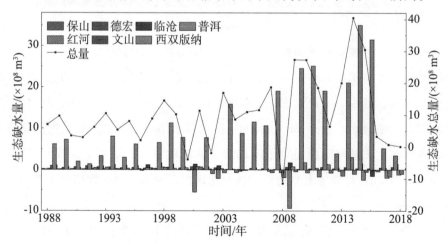

图 6.7　云南省主要橡胶林种植区年均生态缺水量及总量变化（1990—2018 年）

表 6.3 云南省主要橡胶种植区不同水文年型下的代表年

水文年型	州（市）						
	保山	德宏	临沧	普洱	红河	文山	西双版纳
丰水年	1997	2004	2017	2007	2008	2008	1994
平水年	1996	2006	1995	2016	2011	2016	2011
枯水年	1994	2013	1998	2009	2016	1995	2010

根据云南省各橡胶种植区划分出的典型水文年，对比分析各地区典型水文年生态需水量和缺水量情况，如表 6.4 所列。

表 6.4 云南省各主要橡胶种植区典型水文年生态需水量和缺水量对比

地区	生态需水量/（$\times 10^8 m^3$）			生态缺水量/（$\times 10^8 m^3$）		
	丰水年	平水年	枯水年	丰水年	平水年	枯水年
保山	0.02	0.02	0.06	0.01	0.01	0.04
德宏	0.82	1.11	1.16	0.07	0.33	0.29
临沧	8.64	1.54	2.12	0.54	1.05	1.65
普洱	3.09	10.94	6.06	−0.34	−0.22	0.76
红河	3.16	2.52	3.06	−1.88	−1.72	−0.43
文山	0.23	0.02	0.08	0.07	0.01	0.07
西双版纳	20.31	69.82	67.62	2.98	19.13	25.16
云南省	36.27	85.97	80.16	1.45	18.59	27.54

从表 6.4 中数据可以看出，云南省各主要橡胶种植区中，只有红河在各典型水文年情形下不存在生态缺水情况，普洱在丰水年、平水年不存在生态缺水情况。造成各地区生态需水量差异较大的因素主要为各区域蒸散量大小和橡胶林面积不一致。从生态缺水量数值来看，西双版纳地区生态缺水量最大，占全省主要橡胶种植区总缺水量 90% 以上，为生态缺水情况最为严重的地区。这与该地区蒸散量大、橡胶林种植面积广是相对应的。

云南省主要橡胶种植区各典型水文年型下生态需水总量：丰水年 $3.627 \times 10^9 m^3$、平水年 $8.597 \times 10^9 m^3$、枯水年 $8.016 \times 10^9 m^3$；生态缺水总量：丰水年 $1.450 \times 10^8 m^3$、平水年 $1.859 \times 10^9 m^3$、枯水年 $2.754 \times 10^9 m^3$。由此可

知，云南省主要橡胶种植区天然降雨量少于相应地区橡胶树的生态需水量，生态环境脆弱，只有对橡胶林进行合理的开发种植和规范科学的管理，才能实现橡胶经济价值的可持续增长。

6.5 讨 论

云南省经济林种植在对社会经济发展做出重大贡献的同时，大规模、单一经济林的种植方式对当地生态环境、生物多样性和水资源等也造成一定影响。云南省热带地区橡胶林种植面积持续扩展引起的水资源短缺、热带森林面积减少、生物多样性减少，以及其他经济林大规模种植引起的水质恶化、水量减少、土壤肥力下降、生物多样性减少等问题，已经引起广泛关注。

云南橡胶林生态系统大都是在砍伐原始林或次生林的基础上建立起来的，土地利用/覆被变化促使区域小气候发生变化。在新植橡胶园中，大部分林地裸露，遮蔽度较低，太阳辐射量大，地表蒸发强，土壤水分丧失快，逐渐导致橡胶种植区的气候从湿热向干热转变。气象观测资料显示，同一地区天然林年平均气温比橡胶林年平均气温低 0.2 ℃，天然林年相对湿度比橡胶林的高 3%，平均风速增加 0.2～0.4 m/s。西双版纳干湿季明显，干季降雨量仅占年降水量的 15%左右，大量的雾水是干季重要的水量补充。森林变成橡胶林后，种植区雾日数明显减少，雾的浓度也明显降低。例如，随着橡胶种植面积的扩大，景洪近 30 年年平均气温升高了 0.8 ℃，平均相对湿度降低了 6%。

天然热带雨林物种丰富，生态系统稳定，形成了生物多样性和种质基因库；而橡胶林群落结构单一，物种衰退严重，破坏了生态系统的多样性和稳定性。橡胶树的大面积种植，导致热带雨林的覆盖率大幅度下降，动植物栖息环境遭到破坏，引起区域环境退化和生物多样性减少。

天然林植被通过林冠层、枯枝落叶层和土壤层截蓄降雨，具有良好的水源涵养功能；而人工橡胶林林分单一、林下植被层少，在水土流失加剧的影响下，土层变薄，土壤渗透力降低，土壤含水量、持水性能、蓄水性能降低，水源涵养功能持续减弱。西双版纳一些村寨种植橡胶后，水源涵养功能的减弱，已逐步导致当地村民饮水困难、径流季节性断流。

云南省主要橡胶林种植区生态需水量整体上呈中部较高、东西两端较低的趋势，这与各区域橡胶林种植的面积有关。西双版纳年均生态需水量最高，为 4.108×10^9 m³；文山年均生态需水量最低，为 1.20×10^7 m³；云南省年均生态需水总量为 5.226×10^9 m³。受到蒸散的影响，西双版纳是云南省主要橡胶林种植区中生态缺水量最大的地区，占全省主要橡胶种植区总缺水量的 90％以上，为生态缺水情况最严重的地区。这与该地区蒸散量大、橡胶林种植面积广是相对应的。

6.6　本章小结

本章以 1990—2018 年云南省橡胶林种植分布情况及橡胶产量数据为基础，对云南省人工橡胶林生态需水量和生态缺水量进行估算。

（1）云南省橡胶种植面积从 1990 年的 1.343×10^5 hm² 增长到 2018 年的 5.714×10^5 hm²。橡胶产量从 1990 年的 6.73×10^4 t 增加到 2018 年的 4.486×10^5 t，增长了 3.813×10^5 t，增长率达 84.63％。西双版纳地区为云南省主要人工橡胶林种植区，种植面积为 $(1.065 \sim 4.245) \times 10^5$ hm²，占全省橡胶林种植面积的68％～81％。

（2）云南省主要橡胶种植区各典型水文年型下生态需水总量：丰水年 3.627×10^9 m³、平水年 8.597×10^9 m³、枯水年 8.016×10^9 m³。1990—2018 年，云南省主要橡胶林种植区年均生态需水总量为 5.226×10^9 m³，整体上呈中部较高、东西两端较低的趋势。西双版纳年均生态需水量最高，为4.108×10^9 m³；文山年均生态需水量最低，为 1.200×10^7 m³。

（3）1990—2018 年，云南省主要橡胶林种植区年均生态缺水总量为 1.520×10^8 m³；2014 年生态缺水量最大，为 4.047×10^9 m³；2008 生态缺水量最小，为 -1.139×10^9 m³，缺水量整体呈增加趋势。各橡胶林种植区中，西双版纳年均生态缺水量最高，为 9.530×10^8 m³；红河年均生态缺水量最低，为 -0.41×10^8 m³。各典型水文年型下生态缺水总量：丰水年 1.45×10^8 m³、平水年 1.859×10^9 m³、枯水年 2.754×10^9 m³。

　　天然橡胶是国家安全和国计民生的重要战略物资，橡胶产业已经发展成为云南省橡胶林种植区的重要经济产业。2020 年，云南省天然橡胶种植面积稳定在约 900 万亩，投产面积 600 万亩，年产天然橡胶 60 万 t，橡胶产业综合产值达 300 亿元。但橡胶产业的发展对生态环境产生的负面影响，特别是对区域水资源安全的影响是不可忽视的。为响应国家"一带一路"倡议，推进云南省社会经济全面协调可持续发展，如何促进云南省天然橡胶产业健康、有序、可持续发展，解决好橡胶产业发展与生态环境保护之间的矛盾，是目前亟需解决的问题。为此，应探索最适合云南省橡胶种植业发展的橡胶种植形式；从维护生态系统的稳定性和提高生产力的角度出发，调整和优化橡胶树的种植结构和模式；发展橡胶林林下作物，以提高种植区经济效益并减少生态损失；提高橡胶林的产出效益，增加胶农的抗风险能力；增加生物多样性，解决生态问题，建设环境友好型生态胶园，促进云南省橡胶产业可持续发展。

第7章　橡胶林蒸散量预报模型

近年来，云南南部橡胶林种植区气候异常，季节性干旱频繁发生，雨季反常推迟，干季周期延长，雨量偏少，造成中旱及局部地区重旱的气象灾害。

橡胶蒸散量高于一般作物蒸散量，其生长过程中水量是影响生长和天然乳胶产量的关键因素。受到干旱和低温胁迫，橡胶林通常在干季2月集中落叶，3月开始发芽抽新叶进入快速生长期，之后对水量的需求不断增加。然而，受持续高温、少雨、低湿的干旱天气影响，橡胶林生长所需水量供应不足，加之橡胶林蒸散过程剧烈，林下土壤储水能力差，在干季通常受到水分胁迫加剧的影响。季节性干旱影响橡胶产胶等关键生理过程，容易导致胶苗大面积枯萎死亡、病虫害暴发、乳胶产量大幅度下降，甚至出现"休割"。目前，人工增雨和调水灌溉是缓解气象干旱普遍的做法。

对橡胶林的蒸散量进行预报是人工补水决策的基础及缓解季节性干旱的有效途径。在云南省，西双版纳是橡胶林种植面积最大的地区，其受到的季节性干旱也尤为典型。本章基于西双版纳公共天气预报信息，对三种橡胶林蒸散量预报模型进行对比分析，优选预报精度较高且适合试验区的最佳橡胶林蒸散量预报模型，并结合试验样地土壤水分限制系数及作物系数，进行橡胶林蒸散量预报。以期为橡胶林抗旱补水提供数据参考和理论依据，研究符合云南省橡胶种植区橡胶林蒸散量的预报模型，缓解云南省橡胶林种植区公共水资源安全问题，探索生态系统管理与调控的有效措施。

7.1　数据与资料

参考作物蒸散量是作物蒸散量估算的基础，也是人工补水预报的关键参数。当气象资料数据充分、易获取时，一般采用计算严密且精度高的FAO56

Penman-Monteith（FAO56-PM）公式计算 ET_0，然而全面完备的资料往往不容易获取。因此，国内外专家提出 ET_0 计算和预报的一系列基本模型，利用符合一定精度要求的天气预报信息，对作物实时蒸散量进行计算和预报。

7.1.1 研究站点

本书中的橡胶林监测样地位于勐腊县补蚌村，安装自动气象站监测橡胶林小气候数据及波文比观测系统监测橡胶林蒸散量。具体试验设计详见本书第 2 章 "2.2.1.1 样地站点概况" "2.2.1.2 野外站点监测数据资料"。

7.1.2 数据来源

数据来源详见本书第 2 章 "2.2.3 橡胶林蒸散量预报数据资料收集"。

7.1.3 方案设计

橡胶林蒸散量预报方案如图 7.1 所示。

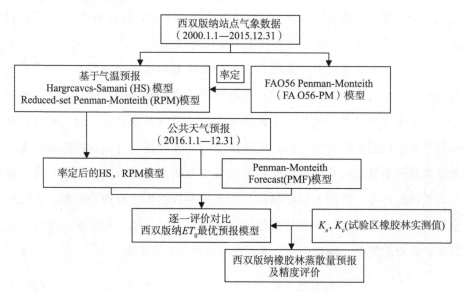

图 7.1 橡胶林蒸散量预报方案图

橡胶林蒸散量预报方案具体如下。

（1）构建气温信息预报 ET_0 的温度模型：HS 模型、RPM 模型。

（2）气温和天气类型信息预报 ET_0 的综合模型：Penman-Monteith Forecast（PMF）模型。

（3）气象资料划分为率定期（2000.1.1—2012.12.31）和验证期（2013.1.1—2015.12.31），率定期资料用于 HS 模型和 RPM 模型的地区校正，验证期资料代入 FAO56-PM 模型计算 ET_0，作为基准值来验证模型的率定结果。

（4）西双版纳试验区站点（2016.1.1—12.31）天气预报数据经分析处理后，导入（1）（2）中率定后的三种模型，得到 ET_0 预报值，通过精度指标对比，选出西双版纳 ET_0 预报最优模型。

（5）最后，利用所选择的 ET_0 预报最优模型与试验区（2016.1.1—12.31）橡胶作物系数和土壤水分限制系数，采用 K_c-ET_0 法对西双版纳橡胶林蒸散量进行预报，并对比实测值，分析讨论预报准确率。

7.2　研究方法

7.2.1　ET_0 预报模型

研究者利用 FAO 推荐的 P-M（FAO56-PM）公式所计算的 $ET_{0,PM}$ 值进行模型率定和验证。计算 $ET_{0,PM}$ 所需气象要素包括温度、太阳辐射、风速和水汽压等，FAO56-PM 公式具体参看本书第 4 章公式 4.1。

7.2.1.1　PMF 模型

对 FAO56-PM 模型进行修整后，才能利用天气预报信息进行 ET_0 预报。将修整后的 FAO56-PM 的模型定义为 PMF 模型。具体方法如下。

（1）实际水汽压预测。

如果露点温度缺测，夜间温度降至最低，空气湿度接近饱和，则每日最低温度通常被认为接近露点温度：

$$e_a = e^0(T_{min}) = 0.611\exp\left(\frac{17.27T_{min}}{T_{min} + 237.3}\right) \tag{7.1}$$

式中，$e^0(T_{min})$——饱和水汽压（用最低夜间温度估计），kPa；

T_{min}——最低温度，℃。

（2）净辐射量的预测。

研究结果表明，太阳辐射量是准确预报和计算 ET_0 的关键因子，具体方法如下：

$$R_a = \frac{24 \times 60}{\pi} G_{sc} d_r (\omega_s \sin \varphi \sin \delta + \cos \varphi \cos \delta \sin \omega_s) \qquad (7.2)$$

$$\delta = 0.409 \sin\left(\frac{2\pi J}{365 - 1.39}\right) \qquad (7.3)$$

$$d_r = 1 + 0.033 \cos\left(\frac{2\pi J}{365}\right) \qquad (7.4)$$

$$J = \mathrm{int}\left(\frac{275M}{9} - 30 + D\right) - 2 \qquad (7.5)$$

$$\varphi = \frac{\pi}{180} \qquad (7.6)$$

$$\omega_s = \arccos(-\tan \varphi \tan \delta) \qquad (7.7)$$

式（7.2）～式（7.7）中，R_a——天文辐射量，MJ/（m² · d）；

$\quad\quad G_{sc}$——太阳常数，取 0.082 MJ/（m² · min）；

$\quad\quad \delta$ ——太阳倾角；

$\quad\quad d_r$——日地相对距离；

$\quad\quad D$ ——天数；

$\quad\quad \varphi$ ——是站点纬度，rad；

$\quad\quad \omega_s$——日落时角；

$\quad\quad M$——月数。

在 PMF 模型中，可以根据天气类型来预测太阳短波辐射量。天气类型在天气预报中为定性预报，若将定性预报转换为定量预报，可建立天气类型与日照时数系数之间的关系，并进行转换，如表 7.1 所列。

表 7.1 天气类型与日照时数系数转换表

天气类型	晴	晴转多云	多云	阴	雨	雪	扬尘	霾
日照时数系数	0.9	0.7	0.5	0.3	0.1	0.1	0.2	0.2

具体公式如下：

$$n = aN \qquad (7.8)$$

$$N = \frac{24}{\pi} \omega_s \qquad (7.9)$$

式（7.8）和式（7.9）中，a——日照时数系数，分别取 $0.1 \sim 0.9$（如表7.1

所列）；

n——日照时数预测值，h；

N——日照时数理论值，h。

$$R_s = \left(a_s + b_s \frac{n}{N} \right) R_a \qquad (7.10)$$

$$a_s = 0.25, \quad b_s = 0.5$$

式中，a_s——多云时宇宙总辐射量到达地球的系数；

$a_s + b_s$——晴朗无云时，宇宙总辐射量到达地球的系数。

（3）风速预测。

相关研究结果表明，风速转换方法在风速预测中存在一定误差。研究者建议在研究区域内若有实际风速观测资料时，可采用多年平均风速值代替预测值进行预报，在一定程度上可减小风速预测导致的 ET_0 预报误差。西双版纳是静风区，风速多年变化量较小且小于 2 m/s。本书取该地区多年平均风速 0.8 m/s（详见本书"4.4.1 西双版纳及周边气象要素分析"）进行 ET_0 预报。

7.2.1.2 HS 模型

HS 模型是由 Hargreaves 和 Samani 提出并逐步改进的模型。该模型仅需要最高气温和最低气温即可计算，资料容易获得，并在各气候区均有较好的计算精度。该模型具体计算公式如下：

$$ET_{0,\,HS} = \frac{1}{\lambda} C \cdot R_a \, (T_{max} - T_{min})^E \cdot \left(\frac{T_{max} - T_{min}}{2 + T} \right) \qquad (7.11)$$

式中，$ET_{0,HS}$——HS 法计算的 ET_0 值；

T_{max}，T_{min}——最高气温和最低气温，℃；

λ——蒸发潜热，一般取 2.45 MJ/kg；

C，R_a——参数，它们的建议值分别为 0.0023 和 0.5。

胡庆芳等人对 HS 模型进行修正，得出适合我国西南地区的 C，E，T 的推荐值分别为 0.0014，0.7，13.1。为了提高 HS 公式精度，且符合西双版纳当地的地区气候特点，需再次对 HS 模型进行地区率定。

7.2.1.3 RPM 模型

RPM 模型是简化的 FAO56-PM 模型。相比 PMF 模型，RPM 模型的太阳短波辐射量（R_s）的计算方法不同，其短波辐射量是通过气温预报的。RPM 模型主要计算公式如下：

$$R_s = K_{PT} (T_{max} - T_{min})^{0.5} R_a \tag{7.12}$$

$$e_a = 0.611 \exp\left(\frac{17.27 T_{min}}{T_{min} + 237.3}\right) \tag{7.13}$$

式中，K_{PT} 为调整系数，内陆地区为 0.16，沿海地区为 0.19，本书取 0.16；其余各符号的意义与式（7.2）～式（7.11）一致。

7.2.2 统计分析指标

本书采用平均绝对误差（mean absolute error，MAE）、均方根误差（root mean squared error，$RMSE$）和相关系数（R）进行天气预报评价、模型率定、ET_0 预报和 ET_c 预报的精度分析。

此类统计指标在 ET_0 估算和预报中已被广泛使用。

$$MAE = \sum_{i=1}^{n} \frac{|x_i - y_i|}{n} \tag{7.14}$$

$$RMSE = \sqrt{\sum_{i=1}^{n} \frac{(x_i - y_i)^2}{n}} \tag{7.15}$$

$$R = \frac{\sum_{i=1}^{n}(x_i - x)(y_i - y)}{\sqrt{\sum_{i=1}^{n}(x_i - \bar{x})^2}\sqrt{\sum_{i=1}^{n}(y_i - \bar{y})^2}} \tag{7.16}$$

式中，x_i——预报值（气象因子或 ET_0）；

$\quad y_i$——实测值（气象因子或 $ET_{0,PM}$）；

$\quad i$——预报的样本序列，$i = 1, 2, \cdots$；

$\quad \bar{x}$——预报值的平均值；

$\quad \bar{y}$——计算值的平均值；

n ——样本数。

另外，研究者采用准确率来评价 ET_0 预报准确度。本书定义为 ET_0 预报值的绝对误差不大于 ± 1.5 mm/d 的天数占总样本天数的百分比。

7.2.3　天气预报精度评价

为保证 ET_0 预报的精度，预报前需对研究期天气预报中气温、日照时数等气象因子的精度进行分析评价，精度符合要求后，才可代入模型用于 $ET0$ 预报。

7.2.3.1　温度

天气预报精度评价指标如表 7.2 所列。

表 7.2　天气预报精度评价指标

预见期	最高气温（T_{max}）			最低气温（T_{min}）		
d	MAE/℃	$RMSE$/℃	R	MAE/℃	$RMSE$/℃	R
1	1.74	2.37	0.84	1.39	1.87	0.93
2	1.76	2.43	0.85	1.42	1.88	0.93
3	1.76	2.45	0.84	1.49	1.96	0.91
4	1.77	2.49	0.83	1.84	2.52	0.85
5	1.93	2.71	0.81	1.77	2.33	0.87
6	2.01	2.89	0.77	1.92	2.41	0.83
7	2.10	3.16	0.75	1.91	2.44	0.83
均值	1.86	2.64	0.81	1.68	2.20	0.88

如表 7.2 所列，西双版纳勐腊站 2016 年预见期 1～7 天逐日预报最高气温平均绝对误差、均方根误差和相关系数的变化范围 n 分别为：1.74～2.10 ℃、2.37～3.16 ℃、0.84～0.75，最低气温（T_{min}）1～7 天预报值 MAE 为 1.39～1.91 ℃、$RMSE$ 为 1.87～2.44 ℃和 R 为 0.93～0.83 的变化范围。随天气预报预见期的增加，T_{max} 和 T_{min} 的 MAE 和 $RMSE$ 值增加。而 R 则相反，温度预报的精度由于天气预报预见期增长而有所下降。

7.2.3.2 日照时数

西双版纳勐腊气象站2016年预见期1～7 d日照时数的统计指标如表7.3所列。预见期第1 d，研究站点的 MAE，$RMSE$，R 分别为1.37 h，2.41 h，0.85；预见期第4 d，MAE，$RMSE$，R 分别为1.64 h，2.64 h，0.74；预见期第7 d，MAE，$RMSE$，R 分别2.10 h，3.05 h，0.43。根据上述结果可知，随预见期增加，日照时数预报精度下降，与气温预报呈现出相同规律。

表7.3　日照时数预报指标准确率平均值

预见期/d	MAE/h	$RMSE$/h	R
1	1.37	2.41	0.85
2	1.54	2.56	0.77
3	1.64	2.64	0.74
4	1.64	2.64	0.68
5	1.89	2.85	0.58
6	1.98	2.95	0.49
7	2.10	3.05	0.43
均值	1.74	2.73	0.65

对比气温预报，1～7 d预见期日照时数预报精度明显低于气温预报精度。这主要是由于，首先，日照时数预报是基于天气类型预报进行日照时数系数转化而来，受地域差异影响产生了不同程度的误差；其次，受天气类型对应的日照时数系数的划分影响，天气类型变化所引起的日照时数的变化精度较低。

经分析，研究站点天气预报各气象因子符合要求精度，后续可代入模型用于 ET_0 预报。

7.3　基于公共天气预报的参考作物蒸散量预报方法比较

7.3.1　模型率定

7.3.1.1　率定方法

温度法在不同类型的气候区域具有区域变异性，通过率定可提升模型精度，因此，模型在区域校正后能更准确地预报 ET_0。本书以 $ET_{0,PM}$ 作为基准值，以 2000—2012 年作为率定期，2013—2015 年作为验证期，对 HS，RPM 两种温度模型进行率定，原则上保持原有模型简洁结构，尽可能少地引入参数。

对 RPM 模型采用线性回归开展地区校正，校正公式如下：

$$ET_{0,PM} = a + bET_{0,RPM} \tag{7.17}$$

式中，$ET_{0,PM}$——FA056-PM 公式计算结果，mm/ d；

　　　$ET_{0,RPM}$——RPM 计算值，mm/d；

　　　a，b——相应的校正系数。

对 HS 模型采用最小二乘法校正，不改变 HS 公式的原有结构，校正其本身包含的地区参数 C，E。

7.3.1.2　率定结果及分析

（1）RPM 模型率定。

RPM 模型率定之后，参数 $a = -0.056$，$b = 0.73$，如图 7.2 所示。

$ET_{0,RPM}$ 和 $ET_{0,PM}$ 计算值散点图中，未率定时 $ET_{0,RPM}$ 结果偏大，率定后两者计算结果较为接近。率定之前，两个模型的计算值主要分布在 $y = x$ 线的左侧，拟合的截距直线截距为 1.37，即 $ET_{0,RPM}$ 与 $ET_{0,PM}$ 偏差较大，且 $ET_{0,RPM}$ 值较大；率定以后，计算值均匀地分布在 $y = x$ 线两侧，率定期和验证期拟合的 0 截距直线斜率分别为 0.98 和 0.89，较接近于 1，说明率定后的

$ET_{0,RPM}$ 与 $ET_{0,PM}$ 吻合较好。RPM 模型率定图如图 7.3 所示。

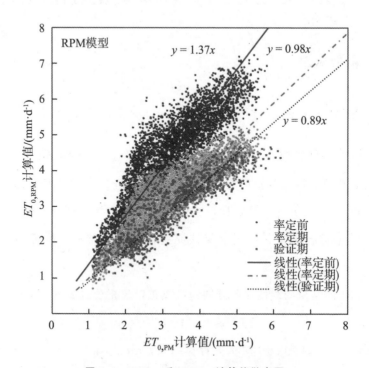

图 7.2 $ET_{0,RPM}$ 和 $ET_{0,PM}$ 计算值散点图

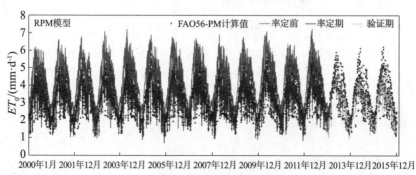

图 7.3 RPM 模型率定图

（2）HS 模型率定。

图 7.4 为 2000—2012 年 $ET_{0,HS}$ 和 $ET_{0,PM}$ 计算值的散点图。

HS 模型率定以后，参数 C 和 E 的率定值为 0.002 和 0.43，与胡庆芳等人的研究结果相似。

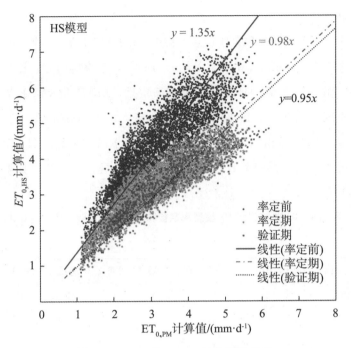

图 7.4　$ET_{0,HS}$ 和 $ET_{0,PM}$ 计算值散点图

率定之前，计算值主要分布在 $y=x$ 线的左侧，拟合的截距直线截距为 1.35，即 $ET_{0,HS}$ 与 $ET_{0,PM}$ 偏差较大，且 $ET_{0,HS}$ 较大；率定以后，计算值均匀地分布在 $y=x$ 线两侧，率定期和验证期拟合的 0 截距直线斜率分别为 0.98 和 0.95，接近于 1，说明率定后的 HS 模型与 FAO56-PM 模型吻合较好。

HS 模型率定图如图 7.5 所示。

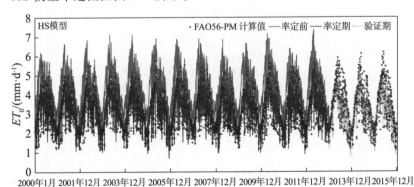

图 7.5　HS 模型率定图

未率定时，$ET_{0,HS}$ 值偏大；率定后，HS 模型和 FAO56-PM 模型计算结果较为接近，尤其是每年 11 月至次年 4 月，当 ET_0 值较小时，HS 模型计算精度会更好。

如表 7.4 所列，RPM 模型率定后 MAE 和 $RMSE$ 在率定期和验证期分别减小到 0.33，0.35 mm/d 和 0.49，0.51 mm/d，较率定前分别提高 73.00％，64.17％和 71.31％，61.94％。HS 模型率定后，MAE 和 $RMSE$ 在率定期和验证期分别减小到 0.36，0.35 mm/d和 0.45，0.46 mm/d，较率定前分别提高 70.00％，65.38％和 70.83％，64.61％。将 RPM 模型和 HS 模型率定前和率定后的 ET_0 计算结果对比可知，精度有明显提升，可用于西双版纳试验样地 ET_0 预报。

表 7.4　RPM 模型和 HS 模型率定前和率定后 ET_0 计算指标对比表

单位：mm/d

模型	率定前(2000—2015 年)			率定期(2000—2012 年)			验证期(2013—2015 年)		
指标	MAE	$RMSE$	R	MAE	$RMSE$	R	MAE	$RMSE$	R
RPM	1.22	1.34	0.89	0.33	0.49	0.89	0.35	0.51	0.89
HS	1.20	1.30	0.88	0.36	0.45	0.89	0.35	0.46	0.91

7.3.2　基于三种预报方法 ET_0 精度分析

如图 7.6 所示，将试验区 1～7 d 预见期天气预报数据解析后，分别带入率定校正后的 HS，RPM，PMF 模型，得到三种预报模型 1，4，7 d 预见期 ET_0 预报结果统计。

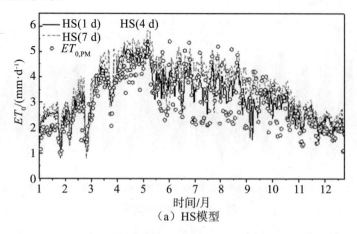

（a）HS模型

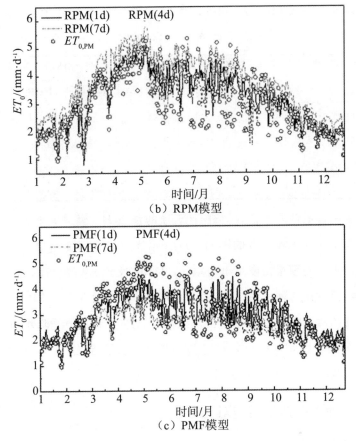

图 7.6　试验区三种预报模型 1，4，7 d 预见期 ET_0 预报结果统计

雨季对比三种模型 1～7 d 预见期的 ET_0 预报精度指标，相比 PMF 和 RPM 模型，HS 模型的 MAE 分别低 0.21 mm/d 和 0.16mm/d，RMSE 分别低 0.41mm/d 和 0.34 mm/d，R 分别高 0.00 和 0.02；HS 模型干季的预报准确率高 5.40％和 2.07％。干季降雨减少，平均相对湿度降低，气温和日照时长变化稳定，ET_0 变化幅度不大。干季对比三种模型 1～7 d 预见期的 ET_0 预报精度指标，相比 PMF 和 RPM 模型，HS 模型的 MAE 分别低 0.12 mm/d 和 0.10 mm/d，RMSE 分别低 0.27 mm/d 和 0.16 mm/d，R 分别高 0.05 和 0.07；HS 模型干季的预报准确率高 5.40％和 2.07％。

西双版纳干季、雨季 1～7 d 预见期的 ET_0 平均预报精度分析如表 7.5 所列。

表 7.5 西双版纳干季、雨季 1～7 d 预见期的 ET_0 平均预报精度分析
(2016. 1. 1—12. 31)

统计指标	干季			雨季		
	HS	PMF	RPM	HS	PMF	RPM
MAE/（mm·d^{-1}）	0.49	0.61	0.59	0.52	0.73	0.68
$RMSE$/（mm·d^{-1}）	0.60	0.87	0.76	0.64	1.05	0.98
R	0.88	0.83	0.81	0.75	0.75	0.73
准确率	94.63%	89.23%	92.56%	83.86%	81.84%	81.23%

以最高温、最低温为输入值进行 ET_0 的预报 HS 模型干季预报的精度更优。雨季由于受降水和温度的影响，ET_0 增大，变化幅度增加，导致预报准确率降低，干季的预报精度高于雨季，ET_0 值小预报精度更高，这与 Luo 等研究一致。但对比三种模型，HS 模型的准确率仍然高于 PMF 和 RPM 模型。

受印度洋西南季风的控制，西双版纳干湿季分明，干季降水量仅为全年降水量的 15%。因此，对干季 ET_0 进行精准的预报能更好的掌握西双版纳区域干湿分布状况。

7.3.3 三种 ET_0 预报模型对比分析

本书研究的三种 ET_0 预报模型的预报精度均随天气预报预见期增加而降低。这是因为，三种模型主要以气温和天气类型作为预报的输入参数，预见期增加，气温和天气类型预报的精度下降，使得作为模型输出的 ET_0 预报值也显示相同的变化趋势。提前分析天气预报准确率对进行 ET_0 预报十分必要。

整体来看，三种模型都能较好地预报研究区的 ET_0，但与 RPM 模型和 PMF 模型相比，HS 模型的预报精度和稳定性更优。HS 模型和 RPM 模型在进行预报前均须进行参数率定，但 HS 模型率定后的模型精度整体高于 RPM 模型率定后的模型精度。受模型结构的影响，RPM 模型仅根据 FAO56-PM 公式进行线性回归率定，得到的预报结果精度偏低。

RPM 模型与 PMF 模型的计算结构基本相同，区别在于对太阳辐射量的计算方法不同。RPM 模型太阳辐射参数是基于气温估算的；PMF 模型则是利用天气系数对天气类型转化得出的。在 PMF 模型中，虽然天气类型预报的

准确率低于气温预报，但研究者通过修正系数对天气类型转化参数进行修正，使 ET_0 预报精度有了很大幅度的提升。

对比 RMF 模型和 HS 模型，PMF 模型尽管考虑了天气类型预报作为模型输入量，但由于天气类型预报的精度不高，导致其 ET_0 预报准确率下降。相比而言，HS 模型的预报值既能满足精度要求，以天气预报最高温、最低温为基础数据进行 ET_0 的预报，数据也易获取，计算程序简化。

另外，本研究试验样地在西双版纳勐腊县，利用当地的气象和天气预报信息进行模型的对比和优选，分析对比西双版纳勐海、景洪气象站点的水文气象基本特征。以勐腊站的气象参数特征值为标准，勐海站和景洪站年日照时数、年最高温、年最低温、年降水量与勐腊站的偏差分别为 8.90% ~ 10.34%，1.52% ~ 2.86%，2.32% ~ 2.81%，3.03% ~ 11.60%。西双版纳三个气象站点的年日照时数、年最高温、年最低温均十分接近；在年降水量方面，勐海站与勐腊站的偏差稍大。总体上来说，西双版纳各区水文气象条件类似，且西双版纳海拔在 475 ~ 2429 m，风速小于 2 m/s，该类地区 HS 模型的预报效果佳。因此，认定 HS 模型适用于整个西双版纳。

综上所述，预报精度较高且计算程序简化的 HS 模型是西双版纳橡胶林蒸散量预报模型的优选。

7.4　西双版纳橡胶林蒸散量预报

为了进一步探讨 HS 模型对西双版纳橡胶林（ET_c）预报的适用性，结合试验样地实测 ET_c，采用 $K_c K_s$ 的拟合均值进行预报精度分析。

西双版纳试验区橡胶林 1，4，7 d 预见期 ET_c 预报（2016. 1. 1—12. 31），如图 7.7 所示。总体而言，橡胶林 ET_c 预测值与 ET_c 观测值吻合较好，预报能够反映出未来 1 ~ 7 d 的 ET_c 变化过程。

西双版纳 1 ~ 7 d 预见期的 ET_c 精度统计指标，如表 7.6 所示。ET_c 预报的精度随预见期的增加而降低，干季预报效果显著比全年优。

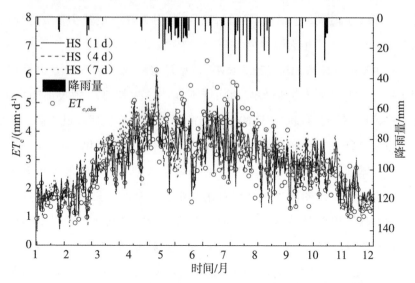

图 7.7 基于 HS 模型橡胶林蒸散量 1，4，7 d 预见期的 ET_c 预报结果

表 7.6 西双版纳橡胶林 1～7 d 预见期的 ET_c 精度预报指标

预见期 /d	干季				全年			
	准确率	MAE /(mm·d⁻¹)	RMSE /(mm·d⁻¹)	R	准确率	MAE /(mm·d⁻¹)	RMSE /(mm·d⁻¹)	R
1	91.35%	0.64	0.85	0.82	89.17%	0.54	0.70	0.80
2	91.12%	0.61	0.82	0.80	88.53%	0.54	0.72	0.80
3	90.74%	0.62	0.83	0.80	88.11%	0.56	0.73	0.79
4	90.25%	0.62	0.84	0.81	87.54%	0.56	0.73	0.77
5	89.73%	0.61	0.82	0.81	87.26%	0.62	0.77	0.75
6	89.39%	0.63	0.84	0.80	87.13%	0.68	0.86	0.75
7	89.15%	0.65	0.85	0.79	86.99%	0.69	0.84	0.75
均值	90.25%	0.63	0.84	0.80	87.82%	0.60	0.76	0.77

全年橡胶林 ET_c 预报精度指标：MAE 为 $0.54\sim0.69$ mm/d，均值为 0.60 mm/d；$RMSE$ 为 $0.70\sim0.86$ mm/d，均值为 0.76 mm/d；R 为 $0.75\sim$ 0.80，均值为 0.77；平均准确率为 87.82%。干季橡胶林 ET_c 预报精度指标 MAE 在 $0.64\sim0.65$ mm/d 之间，均值为 0.63 mm/d，$RMSE$ 介于 $0.85\sim$ 0.82 mm/d，均值为 0.84 mm/d；R 为 $0.79\sim0.82$，均值为 0.80，准确率平

均 90.25％。西双版纳的干季，尤其是 3—4 月的干热季，由于气温上升，橡胶树进入快速生长期，蒸散量增加，对水的需求剧增；当正常降水量无法满足其蒸散耗水量时，橡胶林趋于向吸收深层土壤水分以缓解干旱胁迫，因而易引起或加剧区域水资源短缺。准确的橡胶林 ET_c 预报可为合理配置水资源提供决策参考。

从表 7.7 中可以看出，随着预报期的扩大，ET_c 预报精度略有下降，平均准确率为 87.82％～90.25％，各项指标均比较理想。由此可见，HS 模型预报精度适用于西双版纳橡胶林蒸散量的短期预报。

1～7 d 预见期橡胶林蒸散量预报散点图如图 7.8 所示。当预见期为 1 d 时，橡胶林 ET_c 观测值与 ET_c 预报值吻合度高，斜率为 0.99，预报结果较为准确；随着天气预报预见期的扩大，预见期为 7 d 时，橡胶林 ET_c 观测值与 ET_c 预报值吻合度降低，斜率下降为 0.89，预报结果的准确度也随之下降。

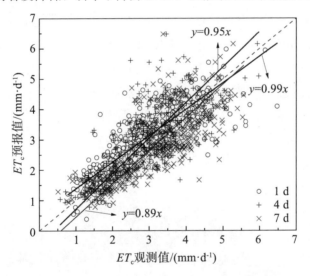

图 7.8　1～7 d 预见期橡胶林蒸散量预报散点图

7.5　讨　论

本书优选 HS 模型作为西双版纳橡胶林 ET_c 预报模型。西双版纳地属热带、亚热带季风区，在我国西南地区，海拔高于 1000 m，平均风速小于 2 m/s，地理位置及气候条件适宜，使 HS 模型预报结果精度高。HS 模型因结构稳定、预报前对 HS 模型三个参数均进行地区校正、预报输入参数（天气最高温、最低温）易获取等优势被广泛运用到作物 ET_c 预报。

HS 模型对橡胶林 ET_c 观测值进行预报时，会存在一些高值和低值没有预报出来，如图 7.7 所示。产生该误差的原因主要有以下三个方面。

第一，西双版纳橡胶林 ET_c 预报是基于 HS 模型进行的，ET_c 的预报精度会受到 HS 模型的影响。因为 HS 模型虽然考虑了最高温、最低温等气象因子，但没有考虑风速和相对湿度的影响。在橡胶林 ET_c 预报研究中，HS 模型是影响 ET_0 和 ET_c 预报的关键因素，若在后续研究中能选用比 HS 模型预报精度更高的公式，则可以提高橡胶林蒸散量预报的精度。

第二，橡胶林 ET_c 预报误差来自天气预报。气温预报的误差通过 HS 模型传递，使 ET_0 预报产生误差，从而影响橡胶林 ET_c 的预报。以 1 d 预见期为例，将实际气温值与 1 d 预见期的气温预报值分别带入 HS 模型进行计算后，再与橡胶林蒸散量观测值进行对比，如图 7.9 所示。以 2016 年 5 月 30 日为例，预报的最低温和最高温分别为 21 ℃ 和 33 ℃，实测值为 22.5 ℃ 和 29 ℃，最低温预报误差为 1.5 ℃，最高温预报误差达 4 ℃。以实际气温带入 HS 模型计算的橡胶林蒸散量为 2.31 mm/d，而实际观测橡胶林蒸散量为 2.66 mm/d。可见，天气预报的误差引起了蒸散量预报结果的偏差。

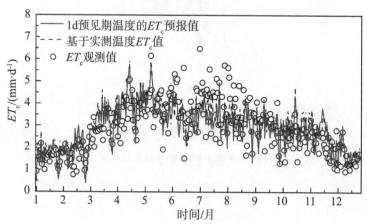

图 7.9 HS 模型采用实测温度和预报温度值的橡胶林蒸散量预报与实测 ET_c 对比图（1 d 预见期）

第三，橡胶林蒸散量预报误差由橡胶树作物系数确定，即采用的作物系数拟合值和实测值之间的误差。以 1 d 预报期为例，将作物系数的实测值与拟合值分别带入 HS 模型进行计算，然后与实测橡胶林蒸散量进行对比，如图 7.10 所示。以橡胶林生长中期（2016 年 5 月 3 日）为例，ET_c 观测值为 3.63 mm/d，实测作物系数为 0.97，1 d 预见期 ET_c 预报值为 4.23 mm/d，误差为 14.18%；但使用作物系数曲线拟合值 1.1 代替实测作物系数，1 d 预见期 ET_c 预报值为 4.77 mm/d，误差为 23.90%，准确率提高了 40.61%。

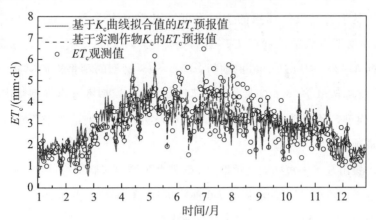

图 7.10　HS 模型采用 K_c 拟合值和 K_c 实测值的橡胶林蒸散量预报与实测 ET_c 对比图（1 d 预见期）

　　预报误差可能是因为带入模型中计算的作物系数拟合值为年均值，但是实际由于每年生育期内作物系数都会有变化，因此，准确得到特定年份的作物系数是减小误差的关键。目前，已有很多用于提高实时作物系数的方法，如实时监测绿叶覆盖率和叶面积指数、监测土壤墒情等。尽管 HS 模型计算中缺少对风速和相对湿度的考虑，但当橡胶林作物系数和天气预报准确时，橡胶林 ET_c 预报精度也会有明显提高。

7.6　本章小结

　　本章基于对三种 ET_0 预报模型的对比分析，筛选预报精度较高的 HS 模型为基础模型，对西双版纳橡胶林蒸散量进行预报，并分析其预报误差产生的原因，主要结论有以下三点。

　　（1）对天气预报各要素预报精度进行分析。西双版纳试验区 1～7 d 预见期最高温、最低温、日照时数的预报精度各指标平均值如下：最高温下

MAE，$RMSE$，R 的均值分别为 1.86℃ 、2.64℃、0.81；最低温下 MAE，$RMSE$，R 的均值分别为 1.68 ℃，2.20 ℃，0.88；日照时数的 MAE，$RMSE$，R 均值为 1.74 h，2.73 h，0.65。随着预见期的扩大，天气预报各要素精度均下降，最高温预报精度略低于最低温。本研究中天气预报精度符合要求，可用于 ET_0 预报。

（2）基于公共天气预报的 ET_0 预报方法的比较分析。基于 HS，PMF，RPM 模型对西双版纳试验区 ET_0 进行 1～7 天预见期预报，评估预报精度。评价指标 MAE，$RMSE$，R 的均值，干季 HS 模型的预报准确率比 PMF 和 RPM 模型高 5.40％和 2.07％。HS 模型和 RPM 模型率定后模型精度整体优于 PMF 模型，预报精度较高且计算程序简化的 HS 模型适用于西双版纳橡胶林蒸散量预报。

（3）提出基于中短期天气预报的 HS 模型预测西双版纳橡胶林 ET_c 的方法，并进行验证。西双版纳橡胶林 1～7 d 预见期 ET_c 精度预报指标如下：全年 MAE 为 0.60 mm/d、$RMSE$ 为 0.76 mm/d、R 为 0.77，准确率为 87.82％；干季 MAE 为 0.63 mm/d、$RMSE$ 为 0.84 mm/d、R 为 0.80，准确率为 90.25％。这表明，在西双版纳地区，基于 HS 模型的中短期橡胶林 ET_c 预报的结果可靠。准确的橡胶林 ET_c 预报可为合理配置水资源提供决策参考，能有效缓解橡胶种植区水资源短缺问题。

第8章 结论与展望

8.1 主要研究结论

蒸散是地球上最活跃的自然现象，其表征生态系统水汽循环规律特征，对地理环境、水量平衡和水资源科学管理及优化配置具有深远的影响。本书以低纬度山区云南省西双版纳橡胶林蒸散量时空变异特征为研究视角，以探讨橡胶林扩张种植对区域水量平衡及水资源安全造成的影响为研究目的，重点对西双版纳橡胶林蒸散量从站点扩展到区域进行多尺度分析。通过建立 Hydrus 土壤水分运移模型，综合评价了土壤水分对橡胶林蒸散的响应；运用稳定度和趋势变化等空间研究分析方法，定量分析长期区域尺度西双版纳 ET_0 对橡胶林扩张种植的响应、橡胶林蒸散量时空变异性，并进一步构建了西双版纳橡胶林蒸散量预报模型，实现了利用公共天气预报信息快速预报橡胶林蒸散量的目标。

（1）基于站点尺度，利用橡胶林试验样地连续观测气象和能量通量数据，采用波文比-能量平衡法和水量平衡法对典型站点橡胶林蒸散量进行研究，掌握了西双版纳橡胶林生态系统各通量的变化及分配规律、橡胶林蒸散量的季节分异特征及其主要影响因素，探明了土壤水分在橡胶林蒸散过程中的关键作用。

西双版纳橡胶林生态系统各季通量日变化趋势总体上相似，但在各季呈现明显的季节分异特征。蒸散量雨季高、干季低，R_n，VPD，VWC 是其主要影响因素。西双版纳橡胶林 $ET = 1035.91\ \text{mm/a}$，日均蒸散强度为 $2.83\ \text{mm/d}$。雨季水量充足，橡胶林生态系统 ET 的日分布格局大致上是随着净辐射量和显热通量的增加而增加的，而干热季 ET 的变化受土壤含水量的影响。

橡胶林干季遭受干旱胁迫时更趋于吸收利用深层土壤水分，这影响或加剧了西双版纳区域水资源短缺的情况。各季蒸散总量雨季（5—10 月）为 630.19 mm、雾凉季（11 月—次年 2 月）为 211.67 mm、干热季（次年 3—4 月）为194.05 mm，分别占当季降雨量的 51%，114%，140%。基于 Hydrus-1D 模型构建橡胶林土壤水分运移模型，利用水量平衡原理推算橡胶林蒸散量比波文比实测值低 8.31%。橡胶林土壤水分年均变化量为 -69.85 mm。$0\sim130$ cm 土壤水分底部交换量为 -0.21 mm/d，年均为 -78.29 mm，橡胶林受干旱胁迫时更趋于吸收利用深层土壤水分。

（2）遥感数据提取和识别了近 30 年西双版纳橡胶林时空扩张格局，基于 1970—2017 年西双版纳及周边气象站点逐日气象资料，采用 P-M 公式计算 ET_0，分析其时空分异特征及主要气候因子的贡献率，量化了橡胶林扩张种植对西双版纳 ET_0 的影响。

近 30 年来，橡胶种植园的年均增长速度从 1990—2000 年的 9019 hm^2 增加到 2000—2017 年的 14973 hm^2，平均每年增加 12768 hm^2，并向高海拔山地扩张。西双版纳 ET_0 年均变化范围为 1059.25$\sim$1212.64 mm，整体上呈南高北低、西高东低的分布趋势，平均相对湿度和日照时数是影响西双版纳 ET_0 的关键气象因子。

气候变化和土地利用/覆被变化对西双版纳 ET_0 的影响是动态变化、共同作用的，橡胶林扩张种植促使 ET_0 升高。受气候变化影响，西双版纳的 ET_0 变化量以 3.13 mm/10 a 的速率上升，而去除气候变化影响后，橡胶林扩张种植引起 ET_0 的变化以 2.17 mm/10 a 的速率上升，橡胶林扩张种植促使区域 ET_0 升高。

（3）从区域尺度分析西双版纳橡胶林 ET_c 时空变异特征。利用橡胶林样地单站点实测作物系数及土壤水分限制系数，采用 K_c-ET_0 法计算西双版纳橡胶林 1970—2017 年多年平均 ET_c。并利用 ArcGIS 空间插值法分析得到各典型年橡胶林蒸散量、有效降雨量、生态缺水量、水分盈亏指数的空间分布格局。

1970—2017 年西双版纳橡胶林 ET_c 变异程度稳定，变异系数为 0.03$\sim$0.21。西双版纳橡胶林 ET_c 总体呈增加趋势，ET_c 增加面积占 57.24%，ET_c

减少面积占 42.76％；ET_c 空间变化不显著的面积占 76.40％，弱显著、显著分别占 15.87％和 7.73％。整体上呈西高东低的变化格局，年平均 ET_c 变化为 933.01～1092.29 mm，多年平均值为 985.26 mm。随着水文年型从湿润到干旱，ET_c 值增加。各典型年橡胶林 ET_c 空间分布图中各值段所占面积，随着干旱强度增加，高值区（大于 1000 mm）橡胶林 ET_c 所占面积增大。

西双版纳年均有效降雨量以 -8.28 mm/10 a 速率不显著减小，年均值在 992.23～1719.64 mm。西双版纳橡胶林各典型年生态缺水量空间分布格局大体上从西南向东北减少。随着水文年型由丰水年向枯水年变化，水分亏缺程度和范围增加，特丰水年为 $-822.40～-75.26$ mm，丰水年为 $-713.32～$ -37.00 mm，平水年为 $-750.98～83.54$ mm，枯水年为 $-564.86～269.78$ mm，特枯水年为 $-93.91～378.26$ mm。特丰水年和丰水年的 $CWSDI$ 为 0.08～0.92 和 0.05～0.88，水分有盈余；平水年的 $CWSDI$ 为 $-0.06～0.87$；枯水年的 $CWSDI$ 为 $-0.30～0.51$；特枯水年的 $CWSDI$ 为 $-0.35～0.09$。随着水文年型由丰水年向枯水年变化，橡胶林水分亏缺程度和范围扩大。进一步对西双版纳橡胶林各生育期水分盈亏进行插值分析，雨季橡胶林进入生长中期，水分充足有盈；而处于干季的生长初期、快速生长期和生长末期，在各典型年内均出现季节性水资源亏缺。

（4）提出基于 HS 模型和中短期天气预报的西双版纳橡胶林蒸散量的预报方法，利用西双版纳试验站点实测橡胶林蒸散量进行验证，分析误差产生原因。

随着预见期扩大，西双版纳试验区天气预报要素的精度逐渐降低，最高气温的预报精度稍低于最低气温的预报精度。经评估，天气预报值符合 ET_0 模型预报精度要求。基于 HS，PMF，RPM 模型对西双版纳试验区 ET_0 进行 1～7 d 预见期预报，评估精度。HS 模型准确率为 89.85％，PMF 模型准确率为 85.53％，RPM 模型准确率为 86.82％，因此，优选 HS 模型进行橡胶林蒸散量预报。

以西双版纳橡胶林试验样地 2016 年度蒸散量实测值为标准，HS 模型全年预报各评价指标的平均值如下：$MAE＝0.60$ mm/d、$RMSE＝0.76$ mm/d、$R＝$ 0.77，准确率为 87.82％；干季 $MAE＝0.52$ mm/d、$RMSE＝0.68$ mm/d、

$R=0.85$，准确率为 90.25%。HS 预报模型对橡胶林蒸散量预报误差主要来自 HS 模型、天气预报、作物系数。本研究结果表明，在西双版纳地区，基于 HS 模型的中短期橡胶林蒸散量预报的结果可靠。

8.2 研究不足与展望

本书基于橡胶树物候特征，结合区域气候条件及橡胶林种植面积扩张，系统分析了西双版纳橡胶林蒸散量时空变异特征，提出了适合西双版纳地区橡胶林蒸散量预报模型并进行实时预报，明确了橡胶林扩张种植对区域水循环的影响，以期达到促进橡胶林种植区水资源合理利用及优化配置的目的。但是由于橡胶林生态系统蒸散过程的复杂性，本书的研究仍存在许多不足之处，有待进一步加强，具体表现在以下三个方面。

（1）对于橡胶树蒸散的生理及微观尺度的研究有待加强。橡胶林在干季受到水分胁迫时，如何通过控制叶片气孔开、闭来调节控制本身蒸散耗水有待进一步研究。另外，在干季无降雨情况下，西双版纳地区雾水是森林树木非常重要的水分补给，橡胶树对雾水的吸收利用过程有待进一步探究。

（2）橡胶林蒸散量空间分布特征区域尺度研究有待进一步扩大。本书主要针对云南西双版纳橡胶林种植区蒸散量时空变异特征及预报进行研究，研究区域尺度可进一步扩大。结合遥感影像分析大区域尺度下中国、老挝、缅甸边境橡胶树扩张种植后对气候变化及生态环境的影响，对于指导不同生境下的橡胶林种植具有重要意义。

（3）增加西双版纳橡胶林蒸散量预报模型的对比。本书选用了 HS，PMF，RPM 三种模型进行比较，综合法仅采用了 PMF 法，相关研究结果表明，仍有其他各类预报方法同样具有较高的预报精度。因此，后续研究可结合西双版纳特有的气候条件选取更多预报模型作对比，获得的预报结果将更有说服力。

参考文献

[1] BAI X, JIA X X, JIA Y H, et al. Modeling long-term soil water dynamics in response to land-use change in a semi-arid area[J]. Journal of hydrology, 2020,585:103-117.

[2] CHAMBON B, RUF F, KONGMANEE C, et al. Can the cocoa cycle model explain the continuous growth of the rubber (hevea brasiliensis) sector for more than a century in Thailand? [J].Journal of rural studies, 2016,44:187-197.

[3] CHIARELLI D D, PASSERA C, RULLI M C, et al. Hydrological consequences of natural rubber plantations in Southeast Asia[J]. Land degradation and development, 2020, 31(15): 2060-2073.

[4] CHIARELLI D D, ROSA L, RULLI M C, et al. The water-land-food nexus of natural rubber production[J]. Journal of cleaner production, 2018, 172: 1739-1747.

[5] FOX J M, CASTELLA J C, ZIEGLER A D, et al. Rubber plantations expand in mountainous Southeast Asia : what are the consequences for the environment? [J] Asia pacific issues, 2014,114:1-8.

[6] GIAMBELLUCA T W, MUDD R G, LIU W, et al. Evapotranspiration of rubber (hevea brasiliensis) cultivated at two plantation sites in Southeast Asia[J]. Water resources research,2016, 52: 1-20.

[7] HARGREAVES G H, ALLEN R G. History and evaluation of hargreaves evapotranspiration equation[J]. Journal of irrigation and drainage engineering, 2003, 129(1): 53-63.

[8] HARGREAVES G H, SAMANI Z A. Reference crop evapotranspiration from

temperature[J]. Applied engineering in agriculture, 1985, 1: 96-99.

[9] HURNI K, FOX J. The expansion of tree-based boom crops in mainland Southeast Asia: 2001 to 2014[J]. Journal of land use science, 2018, 13 (1/2): 198-219.

[10] IGARASHI Y, KATUL G G, KUMAGAI T, et al. Separating physical and biological controls on long-term evapotranspiration fluctuations in a tropical deciduous forest subjected to monsoonal rainfall [J]. Journal of geophysical research-biogeosciences, 2015, 7: 1262-1278.

[11] KUMAGAI T, MUDD R G, GIAMBELLUCA T W, et al. How do rubber (hevea brasiliensis) plantations behave under seasonal water stress in northeastern Thailand and central Cambodia? [J]. Agricultural and forest meteorol. 2015, 213: 10-22.

[12] LEVIA D F, CREED I F, HANNAH D M, et al. Homogenization of the terrestrial water cycle [J]. Nature geoscience 2020, 13 (10): 656-658.

[13] LIN Y, GRACE J, ZHAO W, et al. Water-use efficiency and its relationship with environmental and biological factors in a rubber plantation[J]. Journal of hydrology, 2018, 563: 273-282.

[14] LING Z, SHI Z T, DONG M H, et al. Soil microbial community change during natural forest conversion to rubber plantations [J]. Applied ecology and environmental research, 2020, 18(3):4371-4382.

[15] MANGMEECHAI A. Effects of rubber plantation policy on water resources and landuse change in the northeastern region of Thailand [J]. Geography environment sustainability, 2020. 13(2): 73-83.

[16] MAO Z. Forecast of crop evapotranspiration[J]. ICID bulletin, 1994, 43(1): 23-36.

[17] MARUYAMA T, ITO K, TAKIMOTO H. Abnormal data rejection range in the Bowen ratio and inverse analysis methods for estimating evapotranspiration[J]. Agricultural and forest meteorology, 2019, 269/

270: 323-334.

[18] QIU J. China drought highlights future climate threats [J]. Nature, 2010, 465:142-143.

[19] TANAKA N, KUME T, YOSHIFUJI N, et al. A review of evapotranspiration estimates from tropical forests in Thailand and adjacent regions [J]. Agricultural and forest meteorology, 2008, 148 (5): 807-819.

[20] TRAORE S, LUO Y, FIPPS G. Deployment of artificial neural network for short-term forecasting of evapotranspiration using public weather forecast restricted messages [J]. Agricultural water management, 2016, 163: 363-379.

[21] YANG Y, CUI Y L, LUO Y F, et al. Short-term forecasting of daily reference evapotranspiration using the penman-monteith model and public weather forecasts [J]. Agricultural water management, 2016, 177: 329-339.

[22] ZHANG L, CUI Y L, XIANG Z, et al. Short-term forecasting of daily crop evapotranspiration using the "Kc-ETo" approach and public weather forecasts[J]. Archives of agronomy and soil science, 2018, 64 (7), 903-915.

[23] ZIEGLER A D, FOX J M, XU J. The rubber juggernaut [J]. Science, 2009, 324(5930): 1024-1025

[24] GUARDIOLA-CLARAMONTE M, TROCH P A, ZIEGLER A D, et al. Local hydrologic effects of introducing non-native vegetation in a tropical catchment[J]. Ecohydrology, 2008, 1: 13-22.

[25] LIU W J, LI J T, LU H J, et al. Vertical patterns of soil water acquisition by non-native rubber trees (hevea brasiliensis) in Xishuangbanna, Southwest China[J]. Ecohydrology, 2014, 7(4): 1234-1244.

[26] LING Z, SHI Z T, GU S X, et al. Energy balance and evapotranspiration characteristics of rubber tree (hevea brasiliensis) plantations in

Xishuangbanna, Southwest of China[J]. Applied. ecology and environmentl research,2021,20(1):103-117.

[27] KOBAYASHI N, KUMAGAI T, MIYAZAWA Y, et al. Transpiration characteristics of a rubber plantation in central Cambodia[J]. Tree physiology, 2014, 34(3): 285-301.

[28] ISARANGKOOL N A S, DO F C, PANNENGPETCH K, et al. Transient thermal dissipation method of xylem sap flow measurement: multi-species calibration and field evaluation [J]. Tree physiology, 2009, 30(1): 139-148.

[29] LIU W J, LIU W Y, LU H J, et al. Runoff generation in small catchments under a native rain forest and a rubber plantation in Xishuangbanna, Southwestern China[J]. Water & environment journal, 2011, 25(1): 138-147.

[30] TAN Z H, ZHANG Y P, DENG X B, et al. Interannual and seasonal variability of water use efficiency in a tropical rainforest: results from a 9 year eddy flux time series[J]. Journal of geophysical research atmospheres, 2015, 120(2): 464-479.

[31] MARKEWITZ D, DEVINE S, DAVIDSON E A, et al. Soil moisture depletion under simulated drought in the Amazon: impacts on deep root uptake[J]. The new phytologist, 2010, 187(3): 592-607.

[32] GOYZL R K. Sensitivity of evapotranspiration to global warming: a case study of arid zone of Rajasthan(India)[J]. Agricultural water management, 2004, 69: 1-11.

[33] RODERICK M L, HOBBINS M T, FARQUHAR G D. Pan evaporation trends and the terrestrial water balance. II: energy balance and interpretation [J]. Geography compass, 2009,3:761-780.

[34] JERSZURKI D, LUIZ M, RAMOS S L. Sensitivity of ASCE-Penman-Monteith reference evapotranspiration under different climate types in Brazil[J].Climate dynamics,2019,53(1/2):943-956.

[35] BENES S E, ADHIKARI D D, GRATTAN S R, et al.Evapotranspiration potential of forages irrigated with saline-sodic drainage water [J]. Agriculture water management, 2012, 105(1): 1-7.

[36] LEE E, CHASE T N, RAJAGOPALAN B, et al.Effects of irrigation and vegetation activity on early Indian summer monsoon variability[J]. International journal of climatology, 2009, 29(4): 573-581.

[37] LING Z, SHI Z T, GU S X, et al. Estimation of applicability of soil model for rubber (hevea brasiliensis) plantations in Xishuangbanna, Southwest China [J/OL]. Water. 2022, 14 (3): 295 [2022-01-15]. https://doi. org/10. 3390/w14030295.

[38] CHI D, WANG H, LI X B, et al. Estimation of the ecological water requirement for natural vegetation in the Ergune River basin in Northeastern China from 2001 to 2014[J]. Ecological indicators, 2017, 92 (9):141-150.

[39] HOCHMUTH H, THEVS N, HE P. Water allocation and water consumption of irrigation agriculture and natural vegetation in the Heihe River watershed, NW China[J]. Environmental earth sciences, 2015, 73(9): 5269-5279.

[40] BOWEN I S. The ratio of heat losses by conduction and by evaporation from any water surface[J]. Physical review. 1926, 27(6):779.

[41] THORNTHWAITE C W, HOLZMAN B. The determination of evaporation from land and water surfaces [J]. Monthly weather review. 1939, 67(1): 4-11.

[42] SWINBANK W C. The measurement of vertical transfer of heat and water vapor by eddies in the lower atmosphere[J]. Journal of meteorology, 1951, 8(3): 135-145.

[43] MOHAN S, ARUMUGAM N. Forecasting weekly reference crop evapotranspiration series[J]. Hydrological sciences journal, 1995, 40(6): 689-702.

[44] LI D, CHEN J Y, LUO Y F, et al. Short-term daily forecasting of crop evapotranspiration of rice using public weather forecasts[J]. Paddy and water environment. 2018, 16: 397-410.

[45] BALLESTEROS R, ORTEGA J F, MORENO M A. Foreto: new software for reference evapotranspiration forecasting[J]. Journal of arid environments, 2016, 124:128-141.

[46] TANAKA K, TAKIZAWA H, TANAKA N, et al. Transpiration peak over a hill evergreen forest in northern Thailand in the late dry season: assessing the seasonal changes in evapotranspiration using a multilayer model [J]. Journal of geophysical research, 2003, 108(D17): 4533.

[47] GONKHAMDEE S, MAEGHT J L, DO F, et al. Growth dynamics of fine hevea brasiliensis roots along a 4. 5-m soil profile[J]. Khon Kaen agriculture journal, 2010,37: 265-276.

[48] ZUO D P, XU Z X, YANG H, et al. Spatiotemporal variations and abrupt changes of potential evapotranspiration and its sensitivity to key meteorological variables in the Wei River basin, China [J]. Hydrological processes, 2012, 26(8): 1-12.

[49] ABTEW W, OBEYSEKERA J, IRICANIN N. Pan evaporation and potential evapotranspiration trends in South Florida[J]. Hydrological processes, 2015, 25(6): 958-969.

[50] KOUSARI M R, AHANI H. An investigation on reference crop evapotranspiration trend from 1975 to 2005 in Iran[J]. International journal of climatology, 2012, 32(15): 2387-2402.

[51] TABARI H, NIKBAKHT J, TALAEE P H. Identification of trend in reference evapotranspiration series with serial dependence in Iran[J]. Water resources management, 2012, 26(8): 2219-2232.

[52] CHAOUCHE K, NEPPEL L, DIEULIN C, et al. Analyses of precipitation, temperature and evapotranspiration in a French Mediterranean region in the context of climate change[J]. Comptes rendus géoscience,

2010，342(3)：234-243.

[53] WANG Z L，XIE P W，LAI C G，et al. Spatiotemporal variability of reference evapotranspiration and contributing climatic factors in China during 1961－2013[J]. Journal of hydrology，2017，544：97-108.

[54] NANDAGINI L，KOVOOR G M. Performance evaluation of reference evapotranspiration equations across a range of Indian climates[J]. Journal of irrigation and drainage engineering，2006，132(3)：238-249.

[55] CARR M. The water relations of rubber (hevea brasiliensis)：a review [J]. Experimental agriculture，2012，48(2)：176-193.

[56] 云南省支持橡胶产业发展实施方案[EB/OL]. (2019-05-23)[2022-03-18] http://www. ynyunken. com/view/ynyunkenPc/1/147/view/1820. html.

[57] 云南林业发展"十三五"规划[EB/OL]. (2019-05-23)[2022-03-18]. http://lcj. yn. gov. cn/html/2021/fazhanguihua_1230/64955. html.

[58] 温林生,邓文平,钟流,等. 江西省公益林枯落物层和土壤层水源涵养功能评价[J]. 中国水土保持科学(中英文)，2022,20(3):35-43.

[59] 曾欢欢,刘文杰,吴骏恩,等. 西双版纳地区丛林式橡胶林内植物的水分利用策略[J]. 生态学杂志，2019,38(2)：394-403.

[60] 顾世祥,赵众,陈晶,等. 基于高维 Copula 函数的逐日潜在蒸散量及气象干旱预测[J]. 农业工程学报，2020,36(9)：143-151.

[61] 胡庆芳,杨大文,王银堂,等. Hargreaves 公式的全局校正及适用性评价[J]. 水科学进展，2011,22(2)：160-167.

[62] 寇卫利. 基于多源遥感的橡胶林时空演变研究[D]. 昆明:昆明理工大学，2015.

[63] 李金涛,刘文杰,卢洪健. 西双版纳热带雨林和橡胶林土壤斥水性比较[J]. 云南大学学报(自然科学版)，2010,32(S1)：391-398.

[64] 刘陈立,张军,李阳阳,等. 西双版纳橡胶林信息提取和时空格局扩张监测[J]. 福建林业科技，2017,44(2)：43-50.

[65] 彭海英,史正涛,童绍玉. 西双版纳地区雾的气候学特征及其影响因素[J]. 地理研究，2020,39(8)：1907-1919.

[66] 杨艳颖. 中国蒸散时空变化对农业干旱影响研究[D]. 北京:中国农业科学院,2020.

[67] 张一平,王馨,王玉杰,等. 西双版纳地区热带季节雨林与橡胶林林冠水文效应比较研究[J]. 生态学报,2003,23(12):2653-2665.

[68] 凌祯. 西双版纳橡胶林蒸散量时空变异特征及其预报模型研究[D]. 昆明:云南师范大学,2021.

[69] 宋艳红,史正涛,王连晓,等. 云南橡胶树种植的历史、现状、生态问题及其应对措施[J]. 江苏农业科学,2019,47(8):171-175.

[70] 熊壮,叶文,张树斌,等. 西双版纳热带季节雨林与橡胶林凋落物的持水特性[J]. 浙江农林大学学报,2018,35(6):1054-1061.

[71] 陈颜明,马思怡,刘懿. 草海流域云南松林、华山松林水源涵养功能研究[J]. 广东蚕业,2022,56(7):17-19.

[72] 张益,林毅雁,张杰铭,等.北京山区典型植被枯落物和土壤层水文功能[J].水土保持研究,2023,30(4):1-9.

[73] 李婕. 元谋干热河谷小桐子(Jatropha curcas L.)人工林水分胁迫适应机制研究[D]. 昆明:云南师范大学,2021.

[74] 李会杰. 黄土高原林地深层土壤根系吸水过程及其对水分胁迫和土壤碳输入的影响[D]. 咸阳:西北农林科技大学,2019.

[75] 李陆生. 山地旱作枣园细根分布格局及其土壤水分生态效应[D]. 咸阳:西北农林科技大学,2016.

[76] 徐小牛,邓文鑫,张赟齐,等. 安徽老山亚热带常绿阔叶林不同林龄阶段土壤特性及其水源涵养功能的变化[J]. 水土保持学报,2009(1):177-181.

[77] 赵文芹. 不同灌溉条件下毛白杨人工林蒸散发及其影响因素研究[D]. 北京:北京林业大学,2021.

[78] 王凯利. 黄土高原蒸散发与植被变化响应关系研究[D]. 郑州:华北水利水电大学,2022.

[79] 刘海元. 海河流域土地利用/覆被变化及其对区域蒸散发的影响[D]. 天津:天津师范大学,2022.

[80] 杨明楠,朱亮,刘景涛,等. 植被恢复影响下河川基流的广义水资源效应变化研究:以黄河上游北川河流域为例[J]. 干旱区资源与环境,2022,36(7):108-115.

[81] 张海博. 基于 SEBS 与 SCS 模型的区域水源涵养量估算研究:以北京北部山区为例[D]. 北京:中国环境科学研究院,2012.

[82] 林友兴,张一平,赵玮,等. 不同林龄橡胶林蒸腾特征的比较[J]. 生态学杂志,2016,35(4):855-863.

[83] 林友兴,张一平,费学海,等. 云南不同森林生态系统蒸散特征的比较研究[J]. 云南大学学报(自然科学版),2019,41(1):205-218.

[84] 赵玮,张一平,宋清海,等. 橡胶树蒸腾特征及其与环境因子的关系[J]. 生态学杂志,2014,33(7):1803-1810.

[85] 周文君,张一平,沙丽清,等. 西双版纳人工橡胶林集水区径流特征[J]. 水土保持学报,2011,25(4):54-58.

[86] 何永涛,李文华,李贵才,等. 黄土高原地区森林植被生态需水研究[J]. 环境科学,2004,25(3):35-39.

[87] 符静. 南方湿润区植被生态需水量估算及其时空分异特征研究:以湖南省为例[D]. 长沙:湖南师范大学,2018.

[88] 周晓东. 基于 GIS 的云南小江流域植被生态需水量时空分布规律[D]. 北京:中国地质科学院,2017.

[89] 刘娇. 基于 3S 技术的黑河流域植被生态需水量研究[D]. 咸阳:西北农林科技大学,2014.

[90] 刘佳慧,刘芳,王炜,等. "3S"技术在生态用水量研究中的应用:以锡林河流域为例[J]. 干旱区资源与环境,2005(4):92-97.

[91] 张巧凤,刘桂香,于红博,等. 基于 MOD16A2 的锡林郭勒草原近 14 年的蒸散发时空动态[J]. 草地学报,2016,24(2):286-293.

[92] 邓兴耀,刘洋,刘志辉,等. 中国西北干旱区蒸散发时空动态特征[J]. 生态学报,2017,37(9):2994-3008.

[93] 温媛媛,赵军,王炎强,等. 基于 MOD16 的山西省地表蒸散发时空变化特征分析[J]. 地理科学进展,2020,39(2):255-264.

[94] 梁红闪，王丹，郑江华，等．伊犁河流域地表蒸散量时空特征分析[J]．灌溉排水学报，2020，39(7)：100-110.

[95] 刘文杰，张克映，张光明，等．西双版纳热带雨林干季林冠雾露水资源效应研究[J]．资源科学，2001，23(2)：75-80.

[96] 茆智，李远华，李会昌．逐日作物需水量预测数学模型研究[J]．武汉水利电子大学学报，1995，28(3)：253-259.

[97] 李远华，崔远来，杨常武，等．漳河灌区实时灌溉预报研究[J]．水科学进展，1997,8(1)：71-78.

[98] 张倩．基于天气预报信息解析的冬小麦灌溉预报研究[D]．咸阳：西北农林科技大学，2015.

[99] 王景雷．区域作物需水估算及管理系统研发[D]．咸阳：西北农林科技大学，2017.

[100] 谢虹，鄂崇毅．青藏高原参考蒸散发时空变化特征及影响因素[J]．青海师范大学学报(自然科学版)，2014，30(4)：52-59.

[101] 曹雯，段春锋，申双和．1971—2010 年中国大陆潜在蒸散变化的年代际转折及其成因[J]．生态学报，2015，35(15)：5085-5094.

[102] 贾悦，崔宁博，魏新平，等．气候变化与灌溉对都江堰灌区参考作物蒸散量影响研究[J]．四川大学学报(工程科学版)，2016,48(S1)：69-79.

[103] 郝博．基于 GIS 和 RS 的石羊河流域植被生态需水的时空分布规律研究[D]．咸阳：西北农林科技大学，2010.

[104] 张杨，邱国玉，鄢春华，等．近 50 年来海拔高度对参考蒸散发变化趋势的影响研究：以四川省为例[J]．生态环境学报，2018，27(12)：2208-2216.

[105] 张晓娟．海南岛西部橡胶林生态系统蒸散特征研究[D]．海南：海南大学，2016.

[106] 刘悦，崔宁博，李果，等．近 56 年西南地区四季参考作物蒸散量变化成因分析[J]．节水灌溉，2018，(12)：54-59.

[107] 尹云鹤，吴绍洪，戴尔阜．1971—2008 年我国潜在蒸散时空演变的归因[J]．科学通报，2010，55(22)：2226-2234.

［108］ 曾丽红，宋开山，张柏，等.东北地区参考作物蒸散量对主要气象要素的敏感性分析［J］.中国农业气象，2010，31(1)：11-18.

［109］ 吴文玉，孔芹芹，王晓东，等.安徽省近40年参考作物蒸散量的敏感性分析［J］.生态环境学报，2013，22(7)：1160-1166.

［110］ 冯湘华.西部典型牧区草地生态系统植被生态需水研究［D］.西安：西安理工大学，2019.

［111］ 云南省林业和草原局.云南省"十四五"林草产业发展规划［EB/OL］.(2022-01-26)［2022-03-18］.http://lcj.yn.gov.cn/html/2022/fazhan-guihua_0126/65202.html.